玩转四轴飞行器

鲍凯 编著

清华大学出版社

北 京

内 容 简 介

本书是国内第一本四轴飞行器专业教程。本书按照大多数人的认知和操作方式，讲解了如何玩转四轴飞行器。书中提供了一些专业术语讲解，帮助读者熟悉四轴飞行器的相关理论。另外，对书中的相关操作使用了大量的图片来指导读者识别各种器件，并讲解如何组装和操作自己的四轴飞行器。

本书共 6 章。第 1 章介绍了飞行器的定义和分类，并引出了本书中要讲解的四轴飞行器。第 2 章介绍了在制作四轴飞行器时需要用到的各种器材，告知读者应该如何选择这些东西。第 3 章介绍了如何组装四轴飞行器，让读者亲历四轴飞行器的安装过程。第 4 章介绍了四轴飞行器的标准调试步骤。第 5 章介绍了有桨调试（本章内容需要注意安全）。第 6 章介绍了使用模拟器在电脑上练习操作四轴的方式。

本书非常适合没有任何基础，也没有专人指导，而需要独立完成四轴飞行器的组装和操作的入门人员。也适合想初步了解和学习四轴飞行器的飞行爱好者。

玩转四轴飞行器 / 鲍凯编著. —北京：清华大学出版社，2015（2024.9 重印）
ISBN 978-7-302-39252-1

Ⅰ. ①玩⋯　Ⅱ. ①鲍⋯　Ⅲ. ①飞行器–基本知识　Ⅳ. ①V47

中国版本图书馆 CIP 数据核字（2015）第 024246 号

责任编辑：杨如林
封面设计：傅瑞学
责任校对：徐俊伟
责任印制：刘　菲

出版发行：清华大学出版社
　　　　网　　址：https://www.tup.com.cn, https://www.wqxuetang.com
　　　　地　　址：北京清华大学学研大厦 A 座　　　　邮　　编：100084
　　　　社 总 机：010-83470000　　　　邮　　购：010-83470235
　　　　投稿与读者服务：010-62776969，c-service@tup.tsinghua.edu.cn
　　　　质量反馈：010-62772015，zhiliang@tup.tsinghua.edu.cn
印 装 者：涿州市般润文化传播有限公司
经　　销：全国新华书店
开　　本：180mm×210mm　　　印　　张：8　　　字　　数：192 千字
版　　次：2015 年 6 月第 1 版　　　印　　次：2024 年 9 月第 9 次印刷
定　　价：49.80 元

产品编号：063392-01

前　言

　　随着国内电子制造业的发展，与电子产品相关的设计和手工制作越来越受到人们的欢迎。最热门的设计和制作包括机器人、3D 打印和四轴飞行器。其中，四轴飞行器由航模发展而来，具备更广泛的群众基础。同时，其制作相对简单，所以更为人们喜欢。而国内四轴飞行器经过几年的发展，其对应的器件也极为丰富。但是在该领域，大家都属于自我摸索，缺少系统的相关资料。尤其是对于初学者，往往会走很多弯路，多花费了大量的时间和金钱。很多爱好者由于缺少辅导，最终放弃了四轴飞行器的制作。

　　笔者结合自己的实际经验编写了本书，以给四轴飞行器入门人员和爱好者提供必要的帮助，减少他们的摸索时间。本书详细讲解了四轴飞行器的全部流程，包括材料选择、组装、无桨调试、有桨调试、日常飞行训练和模拟训练。针对常见问题，本书对比分析了各类器件，并以大量图片的形式展现组装过程。同时，本书还讲解了四轴飞行器常见的飞行方式。通过本书的学习，读者可以更为快捷地拥有并操控自己的四轴飞行器。

本书特色

　　1．国内第一本介绍四轴飞行器制作图书

　　电子制作的三大热点中的机器人制作、3D 打印均有对应的图书。而从航模发展而来的四轴飞行器却缺少系统化的教材。本书作为国内第一本四轴飞行器图书，将填补国内图书市场的空白，帮助更多的爱好者投入四轴飞行器制作和使用的领域。

　　2．本书全程讲解手工制作过程

　　本书针对四轴飞行器的制作难点，详细讲解如何从无到有制作一个四轴飞行器。内容包括选材、组装、无桨调试和有桨调试等各个环节，帮助读者顺利完成每个制作环节。

3．详细讲解飞行控制

飞行控制是四轴飞行器使用的最重要环节。操作不当，会造成部件损伤，甚至是彻底损毁。为了避免读者出现此类问题，本书详细讲解常见的飞行控制方式，如起飞、升降、俯仰、偏航和翻滚等。

4．引入虚拟飞行模式

为了训练读者使用遥控器的经验，本书专门介绍航模模拟器的使用方式。通过虚拟的飞行，帮助读者突破场地限制和电池损耗等实际问题。

本书内容及体系结构

第1章　什么是飞行器

本章主要介绍了飞行器的种类，同时介绍了四轴飞行器的飞行原理和组成部分。通过学习本章内容，读者可以了解飞行器的种类，了解四轴飞行器的组成部分。

第2章　四轴飞行器的材料准备

本章按照四轴飞行器的不同部件进行分类，并在不同的分类中讲解了其中部件的种类，然后告诉读者如何选择自己需要的四轴飞行器。通过学习本章内容，读者可以了解四轴飞行器各部分的器材及如何选择。

第3章　硬件的组装

本章主要介绍如何组装 F450 类的四轴飞行器。通过学习和实践组装，可以让读者了解组装的难度，并了解各个部分之间的连接方式，从而为以后的四轴飞行器的深入学习打下基础。

第4章　无桨调试

本章主要介绍了如何连接线路，如何烧录 KK 飞控的程序，如何进行飞行前的无桨调试。通过本章的学习，读者可以了解飞控、电调和电机之间的连接方式，学会如何操作遥控器来控制飞行器。

第 5 章　有桨调试

本章主要介绍了调试已经安装上螺旋桨的四轴飞行器。重点讲解了桨的安装方式、有桨调试的步骤和一些常规的飞行器操作练习。通过本章的学习，读者可以学会有桨调试步骤，完成一些基本的飞行器动作操控。

第 6 章　航模模拟器的使用

本章主要介绍了模拟器的种类和安装方式，以及在模拟器中完成四轴飞行器的训练。通过本章的学习，读者可以知道如何使用模拟器，明白一些常规操作的方式。

学习建议和注意事项

- 学习本书时，第 1 章和第 2 章的内容是必须阅读的内容。这两章是四轴飞行器的基础内容，对于初学者这两章必须看，而且是必须首先看的内容。

- 在阅读过第 2 章内容后，读者可以选择自己喜欢的设备进行组装，不过仍希望读者可以选择与本书介绍的相同的设备。因为不同的设备组装方式可能有些不同，所以读者需要判断自己动手能力是否很强，然后考虑是否需要跟随本书买同样的设备。

- 第 3~5 章的内容，是在拥有了与本书介绍的相同设备时才有同样的操作，而对于不同的设备，其操作有一些地方不太相同，需要读者自行判断。

- 读者如果喜欢航模的话，最好购买一套模拟器，这将会减小很大一部分的成本。

- 本书中的所有操作都具有一定的危险性，所以建议 16 周岁以上的人群使用。16~18 周岁之间的人需要有成人陪同一起制作和操控，而且成人在操作时也务必注意保护自己和孩子的安全。

本书读者对象

- 想要了解四轴飞行器的人员；

- 想要学习四轴飞行器制作，但是无从入手的人员；

- 已经购买四轴飞行器套件，但是无法完成正常组装的人员；
- 使用 KK 飞控时，不会初步调试的人员；
- 想要学习模拟器使用的人员。

本书售后服务方式

玩四轴飞行器需要实际的摸索和实践，希望读者仔细阅读书中的内容，不要放过任何细节，这样才会少走弯路。另外，我们也提供了以下交流和沟通的方式：

- 提供技术论坛 http://www.wanjuanchina.net，读者可以将学习过程中遇到的问题发布到论坛上以获得帮助。
- 提供 QQ 交流群 336212690，读者申请加入该群后便可以和作者及广大读者交流学习心得，解决学习中遇到的各种问题。
- 提供 book@wanjuanchina.net 和 bookservice2008@163.com 服务邮箱，读者可以将自己的疑问发电子邮件以获取帮助。

本书作者

本书主要由鲍凯编写。其他参与编写的人员有吴振华、辛立伟、熊新奇、徐彬、晏景现、杨光磊、杨艳玲、俞晶磊、张建辉、张健、张林、张迎春、张之超、赵红梅、赵永源。

希望读者在本书的带领下，能少走弯路，顺利组装并操控自己的四轴飞行器。

目录 CONTENTS

第 3 章
硬件的组装

第 6 章

航模模拟器的使用

　　四轴飞行器是飞行器的一个类别。我们现在先来了解一下飞行器的历史、分类和原理等常识性内容，然后进入真正的四轴飞行器的制作。

第1章

什么是飞行器

 1.1 飞行器的历史

人类自古到今，无时无刻不在想着怎样才能让自己翱翔在广阔的天空中。从古代会飞的神仙，一直到现在的飞机、航天飞机和人造卫星，人类一直在追求飞得更高、更快！在本书开始四轴飞行器的制作之前，我们先观摩一下关于飞行的历史和定义。

1.1.1 飞行器的定义

飞行器，字面意思理解为可以飞行的机器或者器械。而这里，飞行可以认为是在人类生存的大气环境中飞行。不过，同样可以广义地认为在大气外的环境中飞行。所以可这样定义：在大气层内、外飞行的器械即为飞行器（英文名称可以为 flight vehicle，aerospace vehicle，flying machine）。一些常见的飞行器有飞机、滑翔翼、热气球、航天飞机和人造地球卫星等，如图 1.1 所示。

图 1.1　飞行器举例

1.1.2　飞行器的发展

在人类历史的长河中飞行的梦想由来已久。有图 1.2 为证，不管是长了翅膀的天使，还是可以腾云驾雾的神仙，这都表明古时候人类已经十分渴望像鸟儿一样飞翔在天空中。在这飞翔渴望的驱使下，人类一步一步地发明和创造了各种飞行器。

图 1.2　飞行愿望的表现

1　古代的飞行器

在笔者看来最早的飞行器出现在中国。现如今，此飞行器还受光大群众的喜爱。这就是先人所发明的风筝，如图 1.3 所示，仅凭几个细小的竹木、薄薄的布料和一根细线，就可以乘风而起。这是人类已知的最早的飞行器。

图 1.3　风筝

而后来，在我们祖国的大陆上还出现了另外一种飞行器——孔明灯，如图1.4所示。此飞行器，不需要借助风的力量，仅需要一个燃烧的火球即可升上天空。这种飞行器可以说提供了人造动力，唯一的缺点是不能控制飞行的方向。在飞上了天空以后，孔明灯只能随风而动了。细细算来，孔明灯还是热气球的鼻祖。

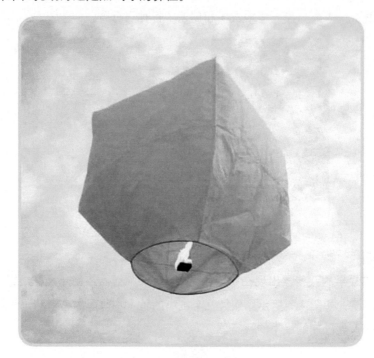

图1.4　孔明灯

2　近代的飞行器

快到近代的时候，有两位流芳千古的美国人——莱特兄弟，如图1.5所示。他们开启了人类真正征服天空的梦。莱特兄弟于1903年首次完成了受控制、附机载外部动力、机体比空气重、持续滞空不落地的飞行。他们发明了全世界第一架真正能满足当时人飞行要求的飞机，如图1.6所示。

图 1.5 莱特兄弟

图 1.6 第一架飞机

在莱特兄弟的带领下，人类终于走上了征服天空的路！

3 现当代的飞行器

如今飞行器的类繁多，单是飞机就有很多种类，如图 1.7 所示。现在，除了过去已经发明的飞行器以外，我们还有了喷气式飞机、导弹、火箭、航天飞机和卫星等。人类的飞行器已经不再局限于在地球上飞行，它们要飞出去，遨游在太空里。

图 1.7　各种各样的飞机

4 对未来飞行器的设想

生活在现在，看着前人飞天梦的成真，不由得要对未来生活中的飞行器做一些憧憬。下面看一些未来的概念飞机。

如图 1.8 所示是洛克希德马丁公司设计的超音速喷气飞机，这是一款"超音速绿色飞机"。该方案采用了关键的倒 V 字引擎设计，这种设计可以大大降低超音速时音爆的影响。

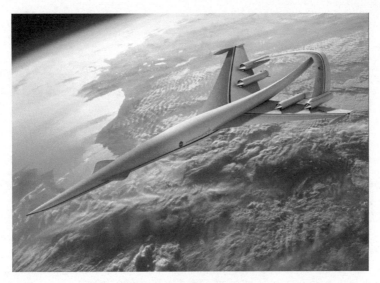

图 1.8　新式超音速飞机

　　如图 1.9 所示是芬兰航空提出的"太空旅馆"概念，通勤飞船往返于地球和"太空旅馆"之间运送旅客。这个 450 张床位的"太空旅馆"在地球上空围绕地球飞行，每个周期耗时 9 个小时。

图 1.9　芬兰航空的"太空旅馆"概念

1.2 飞行器的分类

看过了飞行器的历史，你会认为飞行器的发展很慢。不过，在这里我想说，最近的一百多年是一个知识爆炸的年代。虽然飞行器的发展没有多长时间，但是它的种类繁多让人眼花缭乱！以下就按照飞行器的运行环境和原理分类介绍几种飞行器。

1.2.1 航空器

航空器是指在大气层内飞行的飞行器，主要依靠空气的静浮力或与空气进行相对运动时产生的空气动力升空飞行。典型的例子有气球、飞艇、飞机滑翔翼、直升机、旋翼机（四轴飞行器即旋翼机中的一种）等。如图 1.10 所示为直升机。

图 1.10　直升机

1.2.2 航天器

除了上面说到的飞行器，还有一些像人造地球卫星、空间探测器、载人飞船、空间站和航天飞机等飞行器。这些飞行器主要工作或运行在大气层外太空，需要通过火箭等运载工具获得必要的速度进入大气层外空间，并在引力的作用下，进行近似天体的轨道运动，这类飞行器称之为航天器。

如图1.11所示是空间站。空间站是运行在外层空间的人造太空舱，广义上是航天器的一种，这是如今人类最伟大的创造之一。它是人类在太空长时间滞留的一个场所。

图 1.11　空间站

1.2.3 火箭和导弹

火箭和导弹可以在大气层内外飞行，动力装置和飞行范围接近于航天器。火箭和导弹主要靠喷射高压气体或者其他物质给自身提供强大的动力，然后进行飞行，如图 1.12 所示。

图 1.12 火箭的发射

1.3 四轴飞行器的原理和组成

在真正开始四轴飞行器（四旋翼飞行器）的制作之前，我们先来了解一下四轴飞行器的基本组成和原理。除了了解必要的理论原理外，还需要知道四轴飞行器的 4 个部分——机架、飞控板、传感器和电机与电调。

1.3.1　四轴飞行器的实现原理

　　四轴飞行器是在空气中飞行的飞行器。为了获得廉价的动力，它只能利用空气动力，不能像火箭一样飞行。所以四轴飞行器的动力、偏航的动作只能依靠与空气的作用来实现。如图 1.13 所示是四轴飞行器的力学简化图（四轴飞行器有两种模式，这里只举其中一种为例）。

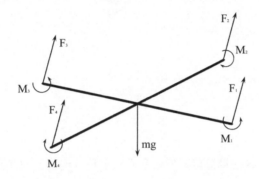

图 1.13　四轴飞行器简化力学图

　　图 1.13 中的 F_1、F_2、F_3 和 F_4 的大小由桨的转速决定。转速越大力越大，转速越小力越小，这样通过控制四个力的大小变化就可以实现四轴飞行器的前进、后退、转向（偏航）和旋转。

1.3.2　四轴飞行器的安装平台——机架

　　在四轴飞行器中机架相当于人体的骨骼，机架决定了飞行器的主体结构，如图 1.14 所示。机架是飞行器的基础平台，电机、电调和飞控板（飞行控制器）等设备都要安装在机架上面。机架的主要作用如下：

图 1.14　机架

- 提供安装接口。这些接口包括安装和固定电机、电调、飞控板的螺丝孔。

- 提供整体的稳定和坚固的平台。飞行器飞行过程中需要一个稳定坚固的平台，这样可以使得电机转动过程中不会毁坏其他设备，并为传感器提供一个稳定的平台。

- 起落架等缓冲装备。这些可以为飞行器提供安全的起飞和降落条件，避免损坏其他仪器。

- 保证足够低的质量（重量）。这样就可以给其他控制设备提供更多的余量。

- 提供相应的保护装置。这里的保护装置用于保护飞行器本身和可能接触到的操作人员。因为飞行过程中会存在各种不可预知的情况，一定的保护措施可以保护器械和其他人员，减少不必要的损失。

1.3.3　四轴飞行器的控制系统——飞行控制器

飞行控制器也可以称为飞控，如图 1.15 所示。其主要作用是处理飞行参数，也就是说，飞行器飞行过程中的稳定和运动方向都由飞控来控制。所以飞控板是四轴飞行器的核心部件，它的性能直接决定了四轴飞行器的性能。同时，如果要安装其他扩展功能时都需要与飞控交换数据，这样才能提供更好的辅助功能。

图 1.15　飞行控制器

具体来说，四轴飞行器的飞控板的功能有两点：第一，接收来自遥控器的信号，控制电调的输出，进而调整螺旋桨的转速来调节飞行器起飞、悬停、俯仰、滚转、偏航、降落等动作；第二，通过板载的一系列测量元件，在无控制的情况下，通过电调输出，控制四轴飞行器稳定，保证一定的高度。

飞控板可以购买现成的完整板，同样也可以自己制作，但是需要懂得相应的编程和电子电路知识。

1.3.4　四轴飞行器的动力——电机与电调

电调的全称为电子调速器（Electronic Speed Controller，ESC），如图 1.16 所示。飞控可

以通过控制电调来达到控制电机转速的快慢，从而实现控制飞行器的飞行姿态。

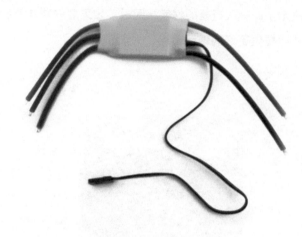

图 1.16　电调

电机是四轴飞行器的主要动力来源，同时也跟飞行器的飞行姿态密切相关。电机如图 1.17 所示。电机的转速快慢决定了飞行器可以承载的重量，同时，其转速改变的快慢可以影响飞行器姿态的变换。

图 1.17　电机（未组装）

1.3.5　四轴飞行器的感知器官——传感器

　　传感器是四轴飞行器感知世界的仪器，每个飞行器要想达到很好的飞行姿态，就必须有一个或多个传感器。首先，要想实现四轴飞行器飞行必须安装的传感器是陀螺仪，如图1.18所示，陀螺仪可以提供飞行时的平衡参数。这里的平衡参数可以告知飞控现在飞行器的平衡状态，或者可以说是告诉飞控现在飞行器的机架与水平面的关系。通过这些参数，飞控可以控制飞行器平稳飞行。如果要想四轴飞行器有更好、更稳定的飞行状态，还需要加速度传感器提供额外的参数抵消掉陀螺仪参数计算时的误差。而现在有集合了陀螺仪和加速度传感器的装置，如图 1.19 所示就是其中一种。这样对于飞控板的开发更加方便，而且节省了更多空间。

图 1.18　陀螺仪

图 1.19　MPU-6050

　　除了上面提到的陀螺仪和加速度传感器必须安装在四轴飞行器上外，我们还可以添加一些自己需要的传感器或其他硬件。这些传感器可以是：超声波传感器，如图 1.20 所示，使四轴飞行器识别与物体的距离，避免撞上其他物体；摄像头，通过使用图像识别软件，可以实现辨识物体的功能（比如识别物体是否为人体）；红外传感器，可以探测具有一定温度的物体，使用时可以避免碰触动物或人体。红外传感器如图 1.21 所示。

图 1.20　超声波传感器

图 1.21　红外传感器

通常，一个四轴飞行器由机架、飞控板、电调、电机和桨片等设备和部件构成。由于每个设备和部件有很多类型，所以并非随随便便拿一些东西就能组装一台四轴飞行器。制作者必须细心挑选相应的设备和部件，才能做出一台适合自己、开销合理的四轴飞行器。本章将详细讲解这些设备的种类，以及如何选择合适的设备。

第 2 章

四轴飞行器的材料准备

2.1 机架的选择

机架虽然不是四轴飞行器的核心部件，但也是不可或缺的部件。要选择一个好的机架需要先了解机架的种类，并明确自己的需求，进而选择合适的机架。本节就机架的种类和选择展开详细讲解。

2.1.1 机架的种类

在笔者选购四轴飞行器时，除了最重要的飞控选择比较困难外，就是机架的选择了。首先，机架的重量决定了整个飞行器的基础重量，从而间接影响了飞行器的载重和飞行时间。而这些主要由机架的材质决定，下面看一下按材质分类的几种机架。

1 塑胶机架

塑胶机架，其材质由塑胶制作而成。主要特点是，具有一定的刚度和强度，同时又有一定的可弯曲度。其材质适合初学者的摔摔打打，相对来说较为廉价（也不一定所有塑胶机架都十分廉价）。如图 2.1 所示为塑胶机架的一种。

2 玻璃纤维机架

玻璃纤维机架强度比塑胶机架强度要高（即"耐摔"，但不建议大家做此尝试）。因为其强度较高，所以常常制作为长长的管道形，而且需要的材料很少，减少了整体机架的重量。

3 碳纤维机架

碳纤维机架与玻璃纤维的机架相比可以说相差无几。但是就发展前景来说，碳纤维的机架更有些前途。不过，世事难料，也许某一天玻璃纤维或其他材料会代替了碳纤维。相对来说，玻璃纤维和碳纤维的机架价格比其他机架贵一些，但是，考虑到省下来的重量，有时候可以考虑使用这些材料。碳纤维机架如图 2.2 所示。

图 2.1　塑胶机架

图 2.2　碳纤维机架

4　钢制或铝合金机架

钢制或铝合金机架，因其材料所做出的机架有各种缺点，笔者不建议使用。铝合金机架如图 2.3 所示。对于有些动手能力强的读者，可以尝试使用现成的工具制作出特定的机架。当然，在制作机架时，除了使用钢制机架，还可以考虑其他材料。

图 2.3　铝合金机架

2.1.2　推荐机架

本节介绍了几种不同材料的机架，再来看一些制作好的现成的机架。这些机架是已经制作完成的机架，包括了各种螺丝孔、安装飞控和其他设备的平台。这时候只需要将各种设备连接，并拧上螺丝即可进行调试。这些机架大大方便了四轴的安装过程。

由于各种四轴的机架繁多，这里就简单介绍两种，一种是 F450 机架，另一种是碳纤维的 X450。

1　F450 机架

F450 机架是 DJI（大疆）为了满足大多数航模爱好者而开发的一套机架，如图 2.4 所示。主要包括四轴的 4 个悬臂、一块下板和一块上板。悬臂上主要安装电机和连接上板与下板，同时可以固定电调。在下板上，出品商已经设计好了相应电路，这里电路主要作用是给 4 个电调供电。上板可以用来固定飞控和接收器（接收器用于接收遥控器信号）等。详细安装方式，读者可以参看后面的章节。

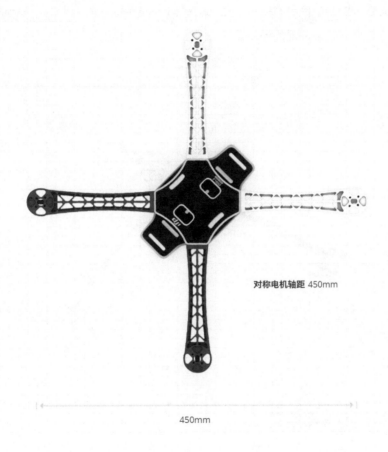

对称电机轴距 450mm

450mm

图 2.4　DJI F450 机架

2 X450 机架

X450 在外观上看起来更为纤细，不过，它不会像看起来的那样"娇气"，如图 2.5 所示。

X450 的 4 个悬臂采用了管式结构，所以固定时要注意固定牢固，否则容易发生旋转，使螺旋桨方向改变。同时，在线路的布局和飞控、电调和接收器的安装上读者需要下一番功夫。因为看起来比较细小，所以可以固定设备的空间就显得少了。不过因为质量较轻，这样对于有能力的读者就可以发挥自己的能力，给飞行器做一个漂亮的壳。这样，飞行器不仅可以保护一些设备，还可以起到美观的作用。

图 2.5　X450 机架

2.1.3　机架的选择原则

选择机架时，需要注意的问题如下所述。

- 机架的强度：直接决定了飞控板的寿命。
- 安装的简易度：对于新手，可以找些安装简单的机架，可以使精力集中在调试等更为重要的地方。

- 是否可以合理布线：合理布线首先是为了容易区分不同的线路，再者可以看出制作者思路清晰，而且制作出的飞行器看上去也会比较漂亮。

- 机架的重量：在飞行中重量是一个严重的问题，飞行器每增重 1 克都会给电机带来很大的影响。每增多 1 克，都必须靠电机增加转速，才可以让飞行器飞起来。

- 机架的开销（需要花费多少钱）：这是一个最实际的问题，也是最需要考虑的问题。首先，制作飞行器本来就是一个很花费财力的事情，只有精打细算才能以最少的资金完成最好的设计。

从上面 5 个问题入手，根据个人不同需求，可以选择适合自己的机架。而本书采用的机架是 F450 机架（前面已经介绍过），这也是笔者认为最适合初次尝试制作四轴飞行器的机架。推荐其原因在于价格相对较低、强度适中，而且相对来说不容易摔坏，所以十分适合初学者。在此，需要强调，使用大疆的 F450 最好不要搭载云台。

2.2　飞控板的选择

飞控板是四轴飞行器的核心设备。飞控板的好坏从本质上决定了飞行器的飞行性能，所以要想飞好四轴飞行器就要有一个好的飞控板。本节内容将向读者介绍几个较为常用的飞控板，并告诉读者朋友应该如何选择一款合适的飞控板。

2.2.1　飞控板的作用

在四轴飞行器中，飞控板是飞行控制集成电路板的简称。飞控板在四轴飞行器中属于核心器件，同时它完成很多复杂的功能。其完成的主要功能如下：

- 处理来自遥控器或自动控制的信号，这时飞控需要识别遥控器或自动控制的信号，完成要求的飞行姿态或其他指令。

- 控制电调，此时飞控板要做的就是给电调发送信号调节电机转速，实现控制改变飞行姿态的功能。

除了以上的主要功能，飞控板还可以通过一些板载的测量元件，在没有任何控制的情况下，通过控制电调的输出信号保持四轴飞行器的稳定。

以上所描述的功能是每个飞控必须具备的功能，否则，不能作为四轴飞行器的飞控板。除了这些必备功能，有些成品的飞控板还有其他功能，比如固件烧写和云台搭载。要想实现这些功能，需要飞控板提供额外的接口，在固件程序中有相应的处理过程。

2.2.2 KK 飞控板

KK 飞控板如图 2.6 所示。它是法国的开源项目，国内很多人和团队将硬件电路和程序照搬过来，然后在市场上销售。因此国内价格比较便宜，而且很多网络教程建议初学者选择这一款飞控板。不过，在笔者看来，KK 飞控板很适合用来练习安装，但是想要让其飞行，必须选择一个比较大的场地，而且要求操纵者有很强的操控能力。

图 2.6 KK 飞控板

下面以韩版 KK 固件为例，了解一下 KK 飞控板的主要接口，同时认识一些接头标志如图 2.7 所示。

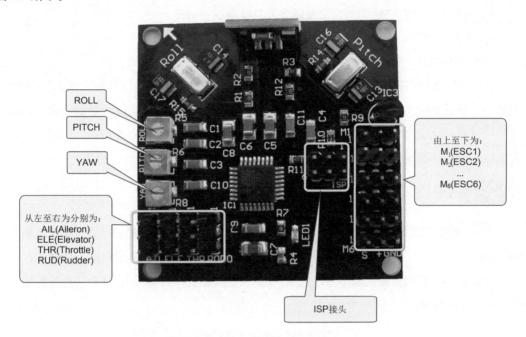

ROLL

PITCH

YAW

从左至右为分别为：
AIL(Aileron)
ELE(Elevator)
THR(Throttle)
RUD(Rudder)

由上至下为：
M_1(ESC1)
M_2(ESC2)
...
M_6(ESC6)

ISP接头

图 2.7　KK 飞控板主要接口及调节器

- Aileron：副翼接头，用于连接接收器的副翼接头。

- Elevator：升降接头，用于连接接收器的升降接头。

- Throttle：油门接头，用于连接接收器的油门接头。

- Rudder：舵向接头，用于连接接收器的方向接头。

- M_1（ESC1）、M_2（ESC2）、…：这些是连接电调的接口，用于给电调输出信号，调节电机转速。

- ISP（In System Programming header）：ISP 连接头用于烧写固件的接头。

这里接头需要连接线与对应的设备相连，除了这些，板子上还有 3 个调节器。

- YAW：俯仰陀螺调节，主要调节俯仰陀螺仪灵敏度。
- PITCH：方向陀螺调节，主要调节方向陀螺仪灵敏度。
- ROLL：横滚陀螺调节，主要调节横滚陀螺仪灵敏度。

这些调节器除了调节灵敏度，在其灵敏度最低时还可以完成其他一些功能。

KK 飞控板包含的传感器是 3 个陀螺仪，这 3 个陀螺仪可以保证飞行器完成正常的飞行。但是因为没有加速度传感器（加速度计），所以 KK 飞控板不能保证飞行器的自稳（自稳是指飞行过程中保证飞行器保持平衡）。这样就需要操控者有很高的操控能力，以确保 KK 飞控板的飞行器的稳定。

2.2.3　FF 飞控板

FF 飞控板是国内模友开发的一种飞控系统，使用了 ARM 微处理器，价格便宜且易于操作，如图 2.8 所示。同时，其包含了陀螺仪和加速度传感器，可以实现自稳。但是其程序不开源，而且不支持固定翼。除了上述几点，FF 飞控板还支持增稳云台。FF 飞控板的接口示意图如图 2.9 所示。

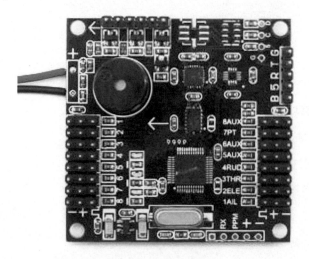

图 2.8　FF 飞控板

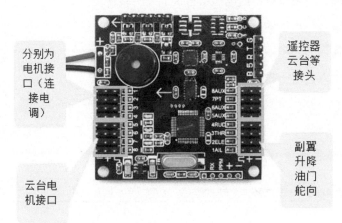

分别为
电机接口（连
接电
调）

遥控器
云台等
接头

副翼
升降
油门
舵向

云台电
机接口

图 2.9　FF 飞控板接口介绍

FF 飞控板上接头提供了以下输入输出通道（接线头）。

输入通道（CH）：

- 副翼，接收器提供其输入信号。
- 升降，接收器提供其输入信号。
- 油门，接收器提供其输入信号。
- 舵向，接收器提供其输入信号。
- 遥控器校准（开关通道）。
- 云台俯仰角模式（自动或手动）。
- 云台俯仰角微调（比例通道数输入）。

输出通道（PWM）：

- 云台俯仰舵机，用于输出云台舵机信号。
- 云台横滚舵机，用于输出云台舵机信号。

- 一号电机输入，用于输出给电调信号调节电机转速。
- 二号电机输入，用于输出给电调信号调节电机转速。
- 三号电机输入，用于输出给电调信号调节电机转速。
- 四号电机输入，用于输出给电调信号调节电机转速。

明显 FF 飞控板的接口要比 KK 飞控板的多，所以 FF 飞控完成的功能更多。由于 FF 飞控使用了三轴数字陀螺仪和三轴数字加速度计使其比 KK 飞控的飞行器更稳定。但是，由于其采用传感器的灵敏度不够，所以有时感觉也不会太稳定。

2.2.4 玉兔二代飞控板

玉兔二代飞控板在一代基础上做了很多改动，玉兔二代飞控功能更为强大。玉兔二代飞控板采用 32 位的 ARM 处理器，以及现有的较新的传感器，并且自主研发了界面友好的调节软件，使得飞行过程更稳、更可靠。玉兔二代飞控如图 2.10 所示。

图 2.10　玉兔二代飞控板

玉兔二代飞控功能特点如下：

- 板载高精度三轴陀螺仪、三轴加速度计、三轴罗盘（磁传感器）和气压计，实现了自稳和自动定高等功能。

- 拥有 8 路接收通道，除去遥控器的 4 个摇杆通道外，还可以定义辅助开关通道或云台控制通道。

- 拥有 10 路 16 位高精度 PWM 输出通道，可以定义 50Hz～500Hz 的模拟/数字舵机或者非标准电调信号。

- 提供串口、超声波、IIC、SPI 等接口，方便用户扩充 GPS、蓝牙、WiFi、地面站、OSD 和数传等外设。

- 输出混控支持 GIMBAL、BI、TRI、QUADP、QUADX、Y4、Y6、INVY6、HEX6、HEX6X、OCTOX8、OCTOFLATP、OCTOFLATX、FLYING_WING、FIEXDWIND 等模式，同时还可以根据客户要求增加其他混控模式。

- 自带 USB 接口，提供 PC 工具，方便用户调节设定参数。

- 8 路 LED 指示各种状态，方便现场设置参数，达到细微调整，还可以扩展添加 LED 灯带。

- 最多支持 4S 电池电压独立实时检测，保证每个单体电池都不过放。

- 提供声光报警接口，提示音方便用户设置和低压报警。

- 开机具有设备自检功能，可以用遥控器选择设备，保障飞行安全。

包含这些特点的玉兔二代算是比较不错的一款飞控板，不过，相对来说所要花的钱也会增多。如图 2.11 所示为玉兔二代飞控板的接线说明图。

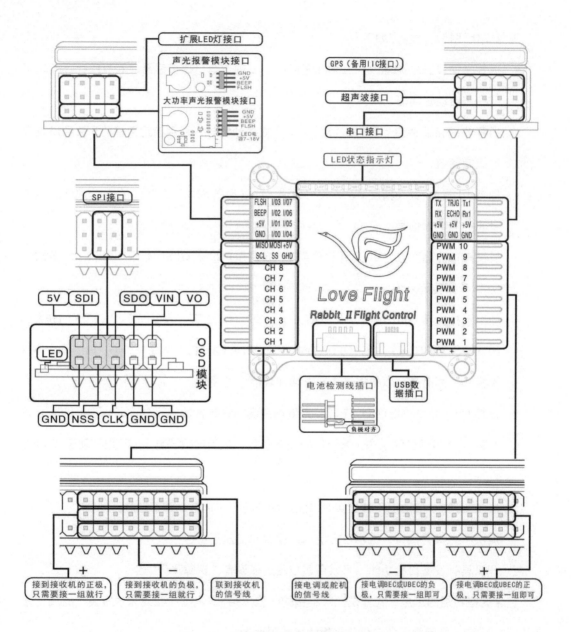

图 2.11　玉兔二代飞控板的接线说明图

2.2.5　MWC 飞控板

MWC 是 MultiWii Copter 的缩写,国外一般叫 MultiWii,固件原创作者是法国模友 Alex。经过很多人的努力,现在的 MWC 已经相当成熟。它在国外开源飞控市场上是占有率较高的产品。MWC 可支持的飞行模式有固定翼、直升机、4 旋翼和其他多轴模式。目前,MWC 的硬件方案主要有基于 Arduino 的 Pro Mini、Pro Micro 与 Mega3 种 AVR 平台,还可以支持 STM32,但是 STM32 无法体现出任何性能与端口上的优势,所以现在还是以 AVR 为主。MWC 飞控板如图 2.12 所示。

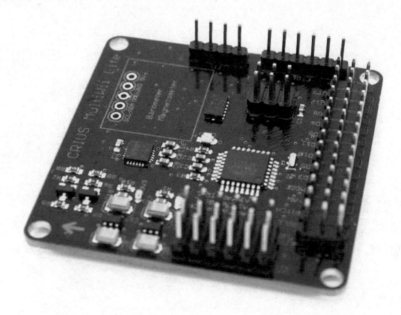

图 2.12　MWC 飞控板

MWC 主要功能有以下几种(以 MWC MEGA-2.0 为例):

* 8 路 PWM 输入,这一点跟上面介绍的玉兔二代飞控类似。
* 10 路 PWM 输出,这些主要用于电调的信号,所以最多支持十轴飞行器的飞行。

- 2 轴云台输出与快门舵机输出，顾名思义就是用来控制云台和快门的接口。

- 4 路串口用于连接蓝牙适配器、OSD、GPS 和数传，这些用于飞行器的扩展功能。

- MPU6050，这里包含了三轴数字陀螺仪与 3 种数字加速度传感器。

- 高精度数字气压传感器，用于测量气压。

- 三色状态指示 LED，用于反馈信息，各种不同的方式对应不同的模式或参数。

MWC MEGA 的结构如图 2.13 所示。

图 2.13　MWC MEGA 结构图

单从这些功能上看似乎比玉兔二代飞控少了很多。但是，其不比玉兔二代飞控差，只要使用者知道如何设计程序和安置其他传感器就可以完成与玉兔二代飞控相同的功能。

2.2.6　APM 飞控板

APM（ArduPiloMega）飞控板，如图 2.14 所示，它是市面上强大的基于惯性导航的开源自驾仪。这是一款广受模友推荐的飞控板，首先因为其开源，用户可以根据自己的喜好或选择录制不同的程序，另外就是其传感器种类很丰富并且精度高。

图 2.14　APM 飞控板

APM 的主要特性如下（以 APM 2.5 介绍）：

- 免费开源固件，支持飞机（ArduPlane）、多旋翼（四旋翼、六旋翼、八旋翼、十旋翼等）、直升机（ArduCopter）和地面车辆（ArduRver）模式。
- Arduino 开源编译环境。
- 完全可视化操作的任务规划（含中文和多国语言）。
- 可支持上百个三维航点。

- 使用强大的 MAVLink 协议，支持双向遥测站。

- 多种免费地面站，包括 APM PLANNER、HK HCS。

- 跨平台，支持在 Windows、Mac，甚至手机 Android 系统，还支持 Linux。在 Windows 下的图形任务规划设定工具（苹果系统可以使用模拟器）Arduino 的编程环境，也是完全跨系统的。

- 可实现自动起飞、降落、航点、航向飞行和返航等多种自驾仪特性。

- 完整支持 Xplane 和飞行半硬件仿真（HIL）。

其包括以下硬件：

- 三轴陀螺仪 MPU6000。

- 三轴加速度计 MPU6000。

- 测量高度的高精度数字空气压力传感器 MS-5611。

- 10Hz 的 GPS 模块 MTK3329。

- 16MB 板上数据记录存储器，日后会支持 TF 卡扩展。任务数据自动记录，并可以导出为 KML 的格式文件。

- 三轴磁力计。

- OSD 视频叠加硬件，实现回传试试图像、姿态、模式和位置等重要信息（此为可选硬件）。

- 空速传感器（此为可选硬件）。

- 电流传感器（此为可选硬件）。

- 超声波传感器（此为可选硬件）。

- 光流定点传感器（此为可选硬件）。

- 更多 12C PIS 设备（此为可扩展硬件）。

如图 2.15 所示为 APM 飞控板的快速介绍。

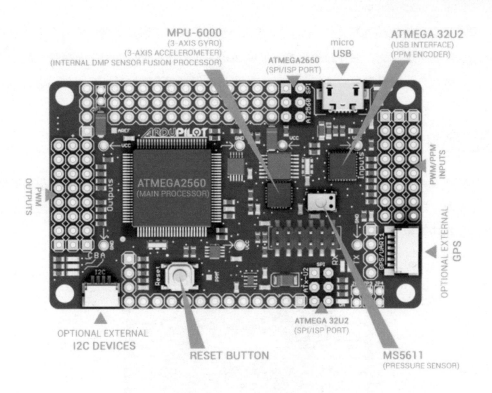

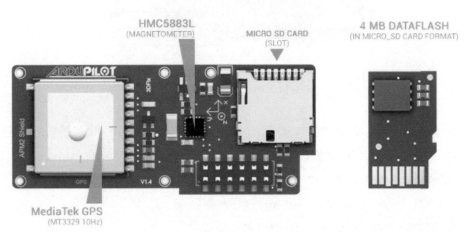

图 2.15　APM 飞控板的快速介绍

看过了这些性能特性和硬件，可以知道 APM 的功能十分强大，所以成为广大模友推荐的产品也是无可厚非的。在开源的飞控产品中 APM 飞控独占鳌头，但是要想很好的使用却需要下一番功夫。如果想专研飞行器方面的东西，使用 APM 开始是一个很好的选择。若只是想玩一下，还是不要选择 APM 飞控的好。

2.2.7　NAZA（哪吒）飞控板

NAZA 飞控板俗称哪吒飞控板，它是 DJI（大疆）公司出产的一款多旋翼飞控。在笔者编写此书时，主要版本有 Naza-M、Naza-M Lite、Naza-M V2 和 Naza-H。NAZA 飞控如图 2.16 所示。基本功能如下所述。

图 2.16　NAZA 飞控

- 多选控制模式，为手动模式（可选手动、姿态、失控保护）；姿态模式；GPS 模式。
- 智能方向控制（CF 功能），为航向锁定/返航点锁定。
- 增强型失控保护，为自动降落/go home 自动降落熄火。
- 四旋翼 I，X；六旋翼 I，V，Y，IY；八旋翼 X，I，V。
- 掰杆启动，停止类型分为立即模式和智能模式。
- 远程调参。

- 支持两轴云台，云台舵机多频率支持（八轴时不支持云台）。
- D-BUS 接口，支持 S-bus/S-bus II 接收机；支持 PPM 接收机。
- 电压检测和低压报警。
- 四通道遥控器支持。
- 马达调制中新增电机怠速五级可调。
- IMU 校准。
- 支持 PMU 扩展模块，可支持 IOSD，H3-2D 云台，NAZA-M BTU 模块等设备。

NAZA 主要接线口如图 2.17 所示。

图 2.17　主要接线口介绍

对于不想使用类似于 APM 一样复杂操作的用户来说，NAZA 的飞控更合适。同样，由于其有正规厂商，所以售后的一些服务比其他开源的飞控板要更好，而且可以保证更高的安全性。

2.2.8 零度飞控板

现在（笔者编写此书时）零度飞控板中的 YS-X4 是最为火热的飞控板，如图 2.18 所示。这款飞控是一款多旋翼自驾仪。其主要的功能特性如下：

图 2.18　零度飞控板

- 支持手机、平板和 PC 的地面站及其调参软件。

- 兴趣点锁定，自动悬停模式下，可在地图上点击任意感兴趣的坐标点并以其为中心，点击"兴趣点锁定"按钮即可锁定该坐标点，此时飞行器机头始终指向目标点方向进行 360 度环绕飞行。

- 指定点飞行，自动悬停模式下，可以指定地图上的一点为"所到点"，即可完成指示飞行器飞向目标点。

- 自动导航，通过指定航线，在无人操作时让飞行器按照指定的路线飞行。

- 自定义航点（8 航点），使用者可以对每一个航点进行特殊的设置，如高度、经纬度、飞行速度、机头朝向和停留时间等，也可以一次性对所有的航点进行批量设置。

- 智能航向锁定，启用智能航向锁定后，飞控会记录下当时的机头朝向，当用户进行左右副翼、推拉杆的操作时，飞行器会以航向锁定时机头的朝向为标准进行飞行，此时机头的方向与飞行器飞行的方向没有关系。

- 直观控制飞行，"傻瓜式"的手机/平板/PC 终端地面站操作，简单便携的移动设备可直接控制飞行器从起飞、航行到返航、降落全过程飞行。使用手机或平板即可完成全部操作，无需被限制在计算机席位前，具备极强的便携性与移动性。

- 手机姿态控制，在手机遥控模式下启用手机姿态控制模式，通过前后左右倾斜手机姿态控制飞行器的飞行状态，飞行器飞行方向与手机倾斜方向同步，比如前后倾斜手机姿态飞行器会朝前朝后移动飞行，左右倾斜手机姿态飞行器会左右移动飞行等。退出手机姿态控制模式后，会自动切换到手机遥控模式。

- Follow Me 功能，使用手机终端地面站控制时，在 GPS 悬停模式下，遥控器各杆位回中，开启跟踪后，飞行器会锁定机头朝向通过手机 GPS 定位伺服飞行员跟随飞行。

- 低压震动提醒（手机端），YS-X4 嵌入了低电压报警功能，当电压达到一定低数值时手机终端会振动提醒用户注意控制操作，当电压超过低数值时手机终端会加大震动频率，并由间隔震动变为连续震动报警，提示用户必须立即降落。

- 失控保护（自动悬停、返航及降落），人性化的失控保护开启后，当遇到遥控信号丢失，飞控会自动切换到悬停状态（GPS 航线飞行时则继续航线飞行 5 秒），如果信号 5 秒内恢复，就自动继续按航线飞行保证正常的航行任务，如果信号 5 秒后不恢复，则可启动自动回航降落功能。

- 云台增稳，YS-X4 的云台稳定功能适用于几乎全部的两轴稳定云台结构，只需要通过一次性的参数设定，系统就会根据整个飞机的飞行姿态，对云台进行及时的矫正和调整，使镜头保持在一个稳定的角度，增加航空拍摄的稳定度。云台舵机输出频率可选范围为 50Hz（模拟舵机）、250Hz、333Hz（数字舵机），并可扩展使用斯坦尼康云台控制模块，进行独立闭环系统的云台控制。

- 精准定位悬停，YS-X4 使用高精度气压传感器，高度测量精度 10cm，使用卡尔曼滤波推算姿态和垂向速度，控制精度在 20cm。YS-X4 多旋翼飞行器可以锁定经纬度和高度精确悬停，即使是在风较大的情况下，也同样可以在较小的范围内稳定悬停。精度可以达到水平小于 1.5m，高度小于 0.3m。

- 多种飞行控制模式，主要模式包括手动模式、GPS 姿态模式（自动悬停/自动导航/自动返航降落）、姿态模式、手机/平板姿态模式、手机/平板遥控模式。

- 适用多种常用的多旋翼平台，支持用户自定义电机混控，支持四旋翼、六旋翼、八旋翼等 9 种常见多旋翼飞行器类型，同时也可通过自定义参数支持电机混控，以适应"异形"的多旋翼飞行器平台。它是一款面向商用及工业用多旋翼平台的专业化的飞控系统，安装简单，设置快捷，性能稳定。

- 便捷的 Wi-Fi 通信，YS-X4 基本配置中包含专业的 Wi-Fi 模块。个人的手机、平板或电脑均可与 Wi-Fi 模块建立连接便携地用做终端地面站。Wi-Fi 模块内置两种通信模式（路由器模式和点对点模式），用户可根据个人爱好设置用于手机终端地面站上的点对点模式，无需路由器，极大地方便了户外操作飞行。

如图 2.19 所示为相应的零度飞控板的接线图。

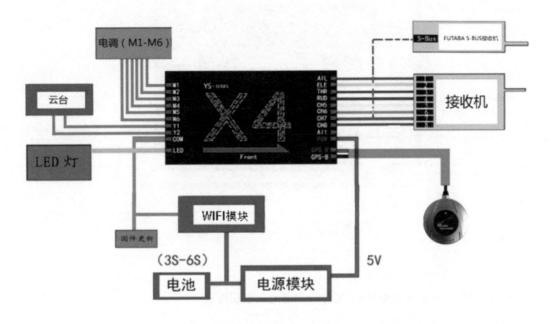

图 2.19　零度飞控板接线图

零度 YS-X4 飞控功能强大，支持功能众多，但这也使得此款飞控价格居高不下。所以，读者应该慎重选择。

2.2.9　WooKong-M 飞控板

WooKong-M 飞控板如图 2.20 所示，俗称悟空飞控板，同样是 DJI 推出的一款飞控。WooKong-M 多旋翼飞控是一款成熟的面向商用及工业用多旋翼平台的飞控系统。它支持市面上最常见的第三方电调，无需做任何线路的修改。WooKong-M 集成了高精度的感应器元件，运用了先进的温度补偿算法和工业化的精准校准算法，使系统发挥出稳定、高效、可靠的性能。

图 2.20　WooKoo-M 飞控板

WooKong-M 飞控板的特性如下：

- 适用 9 种常用多旋翼平台/支持用户自定义电机混控。

- 内置云台增稳功能。

- 支持 IPAD 地面站。

- 支持手机调参。

- 普通接收机、PPM 接收机及 S-BUS 支持。

- 电源管理模块，主要功能是产生两路电源分别为整个 WooKong-M 系统及接收机供电，同时还提供了一个测量动力电池电压的接口，以及两个 Can-Bus 扩展，用于电压检测和报警机制。

- 内置减震设计。

- 精准定位悬停。

- 高精度控制，驾车般手感。

- 人性化的电机启动与停止模式。

- 多种飞行模式/智能控制。

- 热点环绕。

- 遥控器触发高度返航，除了失控自动返航的功能外，WooKoo-M 又新增加了遥控器开关触发自动返航的功能，无需进入失控保护。

- 支持 iOSD MARK II，能在最短时间内抓取到最精准的第一手飞行数据信息。

- 智能方向控制（智能航向锁定）。

- 失控保护和自动返航及降落，主控失去控制信号时，系统会进入失控保护模式。用户可以选择失控悬停或者失控返航两种模式。

- 断桨保护功能（六轴及以上的机型）。

- 低电压保护。

- 可扩展地面站系统。相比较而言，WooKong-M 飞控板和零度 YS-4X 在功能上差别不大，不过，由于笔者没有使用过这两款飞控，所以对于它们的使用性能不敢多做论述。有条件的读者可以尝试一下。

2.2.10 飞控板的选择原则

上面介绍了很多飞控板，相信读者已经眼花缭乱了。现在就为读者介绍选择飞控板需要注意哪些问题。

1 经济条件

要想玩好四轴飞行器必须有一定的经济基础。不过，由于现在飞控和飞行器发展较快，所以存在一些低端的飞控可供资金紧缺的用户选择。在以上讲述的飞控板中 KK 和 FF 飞控板相对便宜，适合初学者使用。即便其操控十分困难，但是低廉的价格还是可以接受的。

对于飞行器有较高需求的人可以选择更好的飞控板。如玉兔二代飞控板适合入门级的模友。不过，要是有 DIY 精神的模友可以选择 MWC 或 APM 飞控板，这些都是开源的飞控板。

而对于那些有特殊需求的人（如高精度的航拍效果）就需要采用 DJI 公司的 Naza、WooKoo-M 或者零度 YS-X4 飞控板。这些飞控板价格不菲，不太适合个人购买。这些高端的飞控板，提供了完整的功能和特殊的扩展接口，可以满足用户的不同需求。所以，需要航拍的公司可以选购，但如果读者经济能力可以承受，买一台也无妨。

2 操控性能需求

从操控性来说，新手是不应该选择 KK 飞控板的，最好选择有自稳功能的 FF 飞控板或其他更好的飞控板。因为 KK 没有自稳功能，所以 KK 飞控板做出的四轴飞行器会很不稳定，需要操纵者有很好的操作能力，才可以稳定飞行器的状态。

FF 飞控板应该是比较不错的选择，但是，不能完全说 FF 飞控板是最好的入门飞控板。在有一定经济实力，而且希望自己动手制作飞行器时，应该采用 APM 或 MWC 飞控板。如果不想自主制作，可以购买成熟的飞控板，如 DJI 的 Naza、Wookoo-M 或者零度的飞控板。成熟的飞控操控性更好，而且能保证设备安全。

3 特殊功能需求

选择使用四轴必定有其目的，有人是为了玩四轴模型没有其他需求，有人则是为了航拍但又雇不起飞机所以使用了四轴。大家最好根据需求选择合适的飞控板，毕竟每买一个飞控板都需要一定的开销。

对于初学者，笔者建议，如果认为自己对遥控器操纵飞行器的能力很有信心，可以选择 KK 飞控板。而对于那些刚开始玩航模的人和以前没有飞行器操控经验的人，建议选择 FF 飞控板是比较合适的。

如果想要玩出点花样，或有意发展六轴、八轴和十轴飞行器，并且有一定的自主动手能力的人，应该选择 APM 和 MWC 的飞控板。APM 和 MWC 的飞控板程序是开源的，可以从一些网站或卖家那里获得，并且使用者可以进行简单的修改。如果有很强的编程能力，还可以自己学习设计这些程序，然后烧录到自己的飞控板中。

　　如果是那些想要进行航拍（航拍整机如图 2.21）的人，笔者推荐使用 DJI 的 NAZA、WooKoo-M 或者零度 YS-X4 等技术成熟的品牌飞控板，因为这些飞控板性能比其他飞控板稳定、安全，并具有相关售后服务，而且可以整机选购，避免了自己再去找配套设备和元件进行安装。同样，这几款飞控板，也适合那些想要特殊拓展功能的模友。航拍六旋翼飞行器如图 2.21 所示。

图 2.21　航拍六旋翼飞行器

　　以上仅为笔者的个人拙见，而且市场行情日新月异，所以读者需要了解更多内容才可选择更好、更适合自己的飞控板。

2.3　电调、电机和桨片的选择

　　在整个四轴飞行器（或其他多轴飞行器）中还有一套"动力系统"。这套"动力系统"

由电调、电机和桨片组成。本节，你将会了解到如何按照自己的需要选择一套四轴飞行器的"动力系统"。

2.3.1 电调、电机和桨片的作用

前面的几节主要讲解了做四轴飞行器的骨干部件，现在我们来了解一下可以称之为四轴飞行器动力系统的电调、电机和桨片。

电调全称为电子调速器（electronic speed controller，ESC）是连接飞控板和电机的部件，其主要功能是接收飞控板发出的信号，根据此信号调节电机的转速，从而影响飞行器的飞行状态。电调外型如图 2.22 所示。

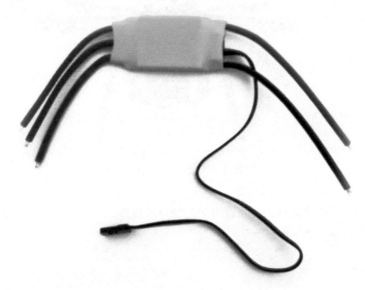

图 2.22　电调

电机（Electric Machinery）是四轴飞行器的动力来源，并且可以通过改变转速来改变飞行器的飞行状态。电机外型如图 2.23 所示。

图 2.23　电机（未组装）

　　桨片是战斗在动力源第一线的部件，四轴飞行器启动后处于高速旋转状态，所以对桨片的要求比较高。桨片外型如图 2.24 所示。

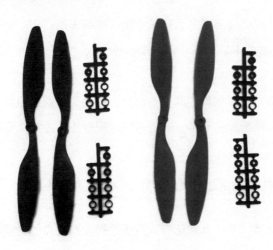

图 2.24　桨片

2.3.2 电调、电机和桨片的种类

对于不同的电机可以将电调分为有刷电调和无刷电调，分别针对与有刷和无刷电机的使用。在做四轴飞行器时需要的是无刷电机，所以应该选用无刷电调。

无刷电调输入是直流，可以接稳压电源，或者锂电池。输出是三相交流，直接与电机的三相输入端相连。如果上电后，电机反转，只需要把这三根线中的任意两根对换位置即可。电调还有三根信号线连出，用来与接收机连接，控制电机的运转。

无刷电调的种类按品牌分，有常用的好盈电调、新西达电调（其他的读者可以自己查找），还有一些较为昂贵的电调，如蝎子和凤凰等。按照功率分为 30A、40A、50A、60A、80A 和 120A 电调等，不同功率的电调要对应不同的电机，否则会出现电机转速不足，或烧坏电调的情况。

电机俗称"马达"，在这里我们需要的是无刷电机。无刷电机是采用半导体开关器件（电调）来实现电子换向，具有可靠性高、无换向火花、机械噪声低等优点。电机产品的型号一般以 KV 值为准。KV 值是指转速/V，意思为输入电压增加 1 伏特，无刷电机空转转速增加的转速值。对于同尺寸规格的无刷电机来说，绕线匝数多的，KV 值低，最高输出电流小，但扭力大；绕线匝数少的，KV 值高，最高输出电流大，但扭力小。当然，不能单从 KV 值来评价电机的好坏。

桨片，也就是装在电机提供真实动力的部分。桨也有不同型号，一般以桨片的长度和桨片的角度来决定（因为种类较多不再一一列举），同时还要注意桨要配合电机来选择，否则电机和电调都会烧掉。

2.3.3 电调、电机和桨片的选择

市面上的电调比较多，各个品牌都有，但是选择一款好点的电调会比较安全。就笔者来看，使用好盈的电调比较不错，但是如果资金不足时可以使用新西达的电调（需要注意市面上新西达有些山寨货，请选择合适的商家购买）。在选择电调时还要注意电调要和电机配套，

原则是电调的电流要和电机的峰值相同，最好是大一点（但不能过于大）。

对于电机需要使用对应的桨片，表 2.1 中列举了几种电机与桨的选择。

表 2.1　电机与桨

电机（KV 值）	桨
800～1000	11～10 英寸桨
1000～1200	10～9 英寸桨
1200～1800	9～8 英寸桨
1800～2200	8～7 英寸桨
2200～2600	7～6 英寸桨（注意桨强度，当心射桨）
2600～2500	6～5 英寸桨（注意桨强度，当心射桨）
2800 以上	建议使用 9050 剪桨（注意桨强度，当心射桨）

在选择这些时都需要慎重，因为这些关系到使用者和飞行器附近人员的安全。如果读者有疑惑可以查找相关论坛，或找专业人员问清楚。

2.4　遥控器的选择

虽然把遥控器安排在最后一节，但并不说明它不重要。想要玩很长时间的四轴飞行器或其他飞行器，有一台优质的遥控器是必要的。下面的内容将指导读者选择一款合适的遥控器。

2.4.1　遥控器的种类

由于航模发展的时间比较长，所以航模遥控器（习惯上叫做发射机，本章内将称为遥控器，而后的章节中将称做发射机）的种类也很繁多。常见的遥控器如图 2.25 所示。现如今对于四轴飞行器来说，最为流行的遥控器是 2.4G 的遥控器，而且国产的航模遥控器有很多是 2.4G 遥控器。就笔者所知的遥控器品牌有天地飞、华科尔、JR 和 Futaba 等。

图 2.25　常见的遥控器（发射机）

　　遥控器除了生产商，还需要注意有不同通道数的遥控器。通道数决定了可以控制飞行器完成的功能。对于四轴飞行器来说至少需要 4 个通道的遥控器，当然多一些可以完成更多的功能。按通道数来说，航模遥控器常见的有 6 通道、7 通道、8 通道、9 通道和 12 通道。每一个通道在遥控器上都能找到相应的控制部分。这些通道用于控制飞行器实现不同的功能。需要注意的是，通道数越多遥控器越贵，所以说读者应该按需选择。

2.4.2　选择合适的遥控器

　　遥控器是人与飞行器的之间的连接设备，遥控器的操纵性很大程度上影响了飞行器的飞行状态。同时，操纵者的操纵水平也会影响飞行器的飞行状态，所以在做好飞行器后需要多多练习操作技术。下面就来讲解一下怎样选择遥控器。

　　首先，需要确定自己的遥控器需要几个通道来控制。在判断飞行器通道时，可以从飞控板的功能入手。例如只需要飞行功能，即需要升降舵、俯仰舵、偏航和翻滚（旋转），也就是说需要 4 个通道控制。要做四轴飞行器这是必需的 4 个动作，所以选择的遥控器至少应该是 4 通道的。但是很多情况下这不能满足我们的要求，所以一般选择 6 通道以上的遥控器，最好的选择是 8 通道遥控器。

　　选择好需要几通道的遥控器，接下来就是要考虑自己经济能力选择合适的遥控器。笔者认为入门时可以选择天地飞的遥控器，相对来说比较便宜。如果读者想要长期玩四轴飞行器，或其他航模，最好选择其他更好的遥控器，如 JR 和 Futaba 等。

了解了四轴飞行器（四旋翼飞行器）的不同部件的名称，并且知道如何选择各种不同部件后，笔者依然不建议读者马上购买这些东西。笔者建议先看完本章内容，再决定购买什么样的部件。本章的内容将介绍四轴飞行器的安装过程，以及安装注意事项。旨在向读者朋友介绍普通四轴飞行器的安装方式，让读者了解安装过程，指导读者首次安装四轴飞行器的设备。

第 3 章

硬件的组装

3.1 机架的组装

作为四轴飞行器的"骨架"部分，机架有着重要的作用。机架为四轴提供了安装平台，支撑起整个飞行器。通过本节内容，我们要学会如何安装机架。同时，需要读者在安装机架过程中和完成后，总结整体安装的规律和方法。

3.1.1 首先组装机架的原因

在真正开始安装四轴飞行器前，笔者建议首先将空的机架组装起来。也许有些人会说，这是多此一举。在对四轴飞行器没有任何概念的情况下，先把机架组装完整可以给制作者一些具象化的体验。有了这种体验，制作者可以先在头脑中对电机、电调和飞控的安装的位置有一个整体的了解，并可实验安装及布线方式。

安装完成机架后应该考虑的问题：

- 飞控安装的位置（可以同时考虑飞控的方向的朝向），以飞控为中心考虑其他的部件的安装。

- 电调安放的位置，此时需要考虑电调的电源线和信号线的走线方式。

- 电机的安装位置，此时要注意机架上固定电机的螺孔及螺丝是否符合规定。同时，还要注意电机安装桨后，两桨是否会有交叉（这应该是在制作机架时考虑的问题，这时需要实际比对一下，确定确实不会出现两桨交叉的情况）。

- 其他设备的安装。例如，安装接收器或 GPS，需要考察是否有安装这些部件的位置，要既不影响原本走线方式，也不会妨碍桨的旋转，同时不受其他部件的电磁干扰。

3.1.2 F450 机架的组装

在本书中使用的机架是 F450 的机架。F450 机架组装和拆卸十分方便，适合作为新手的练习机架，如图 3.1 所示为 F450 机架的所有配件（不包含螺丝等）。

飞行器四个悬臂

飞控托架-正

飞控托架-反

电池托架-反

电池托架-正

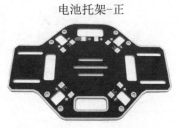

图 3.1　四轴飞行器机架部分配件

　　单独安装机架时比较简单，仅仅是不停地拧螺丝。但还是要注意托架较为脆弱，安装时不要损坏了托架。机架的安装步骤如下所述。

　　（1）将4个悬臂与一个托架固定，如图3.2所示为安装第一个悬臂的配件图。在图中可以看到配件包括一个托架、一个悬臂和4个固定用螺丝。安装部分的细节如图3.3所示。

图3.2　第一个悬臂安装配件

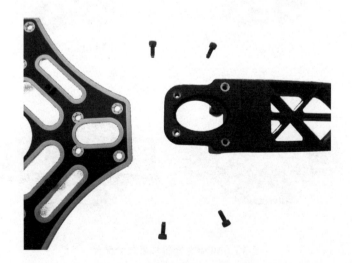

图3.3　悬臂一安装的细节图

　　由图 3.3 可以看出，安装时只需要将托架的 4 个孔对准悬臂的 4 个孔，然后安装螺丝即可。但要注意，托架需要在悬臂之上，其相对应位置如图 3.4 所示。安装时需要找准相对应的孔对齐，如图 3.5 和图 3.6 所示。

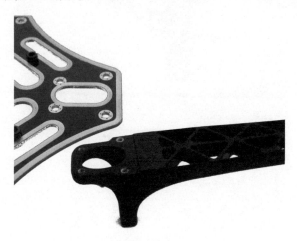

图 3.4　悬臂一与托架的相对应位置

图 3.5　悬臂一与托架的相对应位置（鸟瞰图）

图 3.6　悬臂一与托架的相对应位置（侧视图）

知道了相对应位置，就可以将配件安放好，并拧上螺丝，如图 3.7 所示。

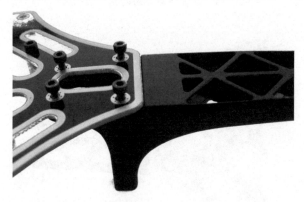

图 3.7　悬臂一与托架的螺丝的安装

安装完成后的样子应该如图 3.8 所示。

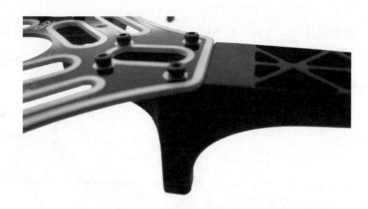

图 3.8　悬臂一安装完成图

（2）安装第一个悬臂时，没有什么特别需要注意的，只要把螺丝拧紧即可。下面来安装第二个悬臂，其配件应该如图 3.9 所示。

图 3.9　悬臂二安装配件图

（3）第二个悬臂安装时（悬臂二与悬臂一的颜色应该是不同的），需要特别注意的是，不能把第一个已安装的悬臂悬空，否则有可能会使飞控托架断裂。同样，我们按照第一个悬臂安装的方式来安装。其中，安装配件的细节如图 3.10 所示。

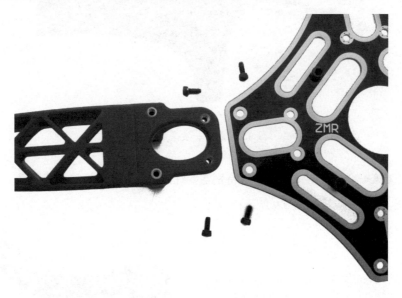

图 3.10　悬臂二安装细节图

同安装悬臂一时相同，对齐后才能安装，其相对应位置如图 3.11 所示。需要注意不能太过用力，以免损坏已经安装好的机架部分。安装时只需要参照悬臂一的安装，拧紧螺丝，安装完成后如图 3.12 所示。

接下来是第 3 个悬臂和第 4 个悬臂的安装，在安装前需要提醒一下。笔者安装时是按照对角线的分布安装的，所以在拿起机架时，需要两端同时拿起，否则容易折断托架。若需要拿放，需要用双手分别抓握两个悬臂。

安装第 3 个悬臂时需要的配件依然是一个悬臂和已经安装好的部分，再加 4 个螺丝，如图 3.13 所示。其中安装的部分细节如图 3.14 所示。

图 3.11 悬臂二安装相对应位置

图 3.12 悬臂二安装完成图

安装时托架与悬臂三的相对应位置如图 3.15 所示。同之前的安装一样，对准螺丝孔，拧上螺丝，固定稳当，然后就安装完第三个悬臂了，如图 3.16 和图 3.17 所示。

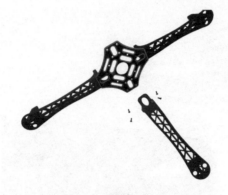

图 3.13　悬臂三安装配件

图 3.14　悬臂三安装细节

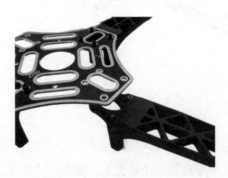

图 3.15　悬臂三与托架相对应位置

图 3.16　对准螺丝孔进行安装

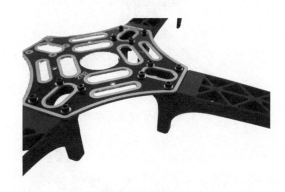

图 3.17　拧紧螺丝

螺丝拧紧后悬臂三就安装完成了，完成后的样子应该如图 3.18 所示。

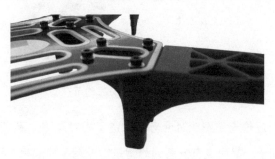

图 3.18　悬臂三安装完成

　　紧接着，安装最后一个悬臂。这时安装已经完成了很大一部分，但是也不能掉以轻心，安装时还是需要小心一些，毕竟保证器械安全是很重要的。下面就来介绍第 4 个悬臂的安装，安装前还是需要知道需要哪些器件，如图 3.19 所示。安装悬臂四时已经有 3 个悬臂已经安装好了，这时，应该保持已安装好的部分放在平台上，尽量少移动。安装时安装细节部分如图 3.20 所示。

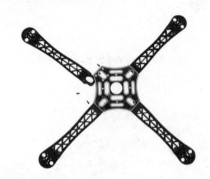

图 3.19　悬臂四安装配件

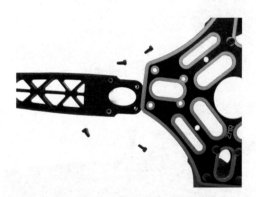

图 3.20　悬臂四安装细节

　　其中安装时的相对应位置如图 3.21 所示。知道了相对应的位置，即可开始安装螺丝。因为 3 个悬臂已经安装好了，最后没有安装的悬臂是需要用手托起来才可以安装螺丝。螺丝的安装如图 3.22 所示。

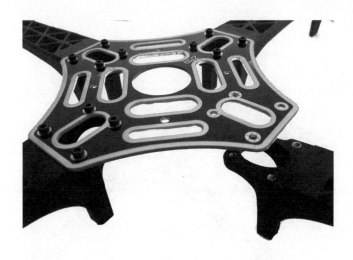

图 3.21　悬臂四安装相对应位置

图 3.22　悬臂四的螺丝安装

好了，4 个悬臂已经安装完成。不过，整个安装过程还没有完，最后还需要将电池托架安装好。电池托架安装需要的配件如图 3.23 所示，其中有若干个螺丝、一个电池托架和上面安装完的部分。

图 3.23　电池托架配件

安装电池托架时应该将安装好的机架翻过来，让悬臂上的"脚"朝上，如图 3.24 所示。

图 3.24　安装电池托架（1）

在安装时需要注意，固定电池托架的螺丝共有 8 个，每个悬臂上需要两个来固定电池托架。悬臂的安装位置细节如图 3.25 所示。

图 3.25　安装电池托架（2）

电池托架相对应的位置如图 3.26 所示。

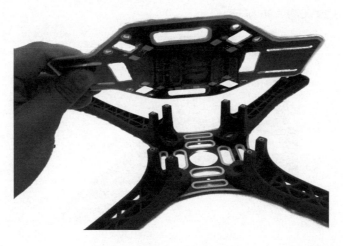

图 3.26　安装电池托架（3）

安装时需要先将电池托架平放在机架上，如图 3.27 所示。

图 3.27　电池托架安装（4）

在安装螺丝时需要先找到悬臂的螺孔，如图 3.28 所示，然后将电池托架上对应的螺丝孔与其对齐，如图 3.29 和图 3.30 所示。

图 3.28　电池托架安装（5）

图 3.29　电池托架安装（6）

图 3.30　电池托架安装（7）

对准后就可以安装螺丝了，如图 3.31 所示。

图 3.31　电池托架安装（8）

分别将 4 个悬臂的螺丝安装并固定好后就完成安装了，如图 3.32 和图 3.33 所示。

到此，整个机架的安装完成了。安装完成后的效果如图 3.34～图 3.36 所示。

机架安装完成后，就需要思考一些关于安装飞控、电机、电调和电池的方式及位置。下一节将介绍这些内容。

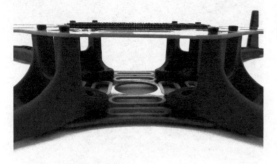

图 3.32 电池托架安装完成（1）

图 3.33 电池托架安装完成（2）

图 3.34 安装完成的机架（1）

图 3.35 安装完成的机架（2）

图 3.36 安装完成的机架（3）

3.1.3 组装完成后的思考

就机架的安装而言，安装方式是比较简单的。因为，在单单安装机架时不需要注意安装的走线问题，不需要思考其他部件的安装方式问题。而接下来，我们就需要为以后整体安装做一个必要的总结，总结的内容包括以下几个方面：

- 回忆安装过程。回忆安装过程，主要目的是为了巩固安装过程，在接下来的整体安装时避免犯一些严重的错误。
- 规划部件的安装方式。此步骤主要考虑电机、电调、飞控和电池等的安装位置。不过，对于 F450 已经有确定的安装方式，所以这部分可以省略，只要读者了解安装方式即可。
- 规划走线。规划走线可以通过实体部件的安放（只是电机和飞控等放置在固定位置），然后进行大致的实验性连接。

通过机架安装，读者可以体会到整机安装的感觉。此过程可以增加读者首次整机安装的成功概率，这也是俗话所说的"磨刀不误砍柴工"。体验安装机架重在为整机安装提供安装经验，并让读者了解整体安装时应该注意什么问题。

3.2 整体组装前的准备

整体组装是指将电机、电调和飞控等安装在机架上，而在完成这些之前需要处理一些准备工作。准备工作包括线路的焊接和走线的安排，只有完成这些工作，整体组装的工作才可以正常进行。

3.2.1 线路的焊接

刚买回来的部件中的线头没有经过处理，只是一些裸露的线头。如果简单将这些线头绑在一起，可能会因为电流过大导致绝缘胶带烧毁，而且不便于拆卸。为了使安装拆卸方便，现在普遍使用香蕉头作为电机和电调连接的接头，如图 3.37 所示。

图 3.37　香蕉头

香蕉头的焊接方式有如下两个部分。

1 电机线与香蕉头的焊接

电机焊接香蕉头的方式如图 3.38 所示。焊接时需要使用到电烙铁、焊锡、香蕉头（子头）和电机。在焊接前需要检查从电机中接出的线是否有裸露的线头，若没有，需要读者自行切出一小段线头，如图 3.39 所示。准备好了焊接的材料和工具，即可开始焊接，不过需要提醒读者，为了方便焊接需要使用一些工具固定好香蕉头。如果读者希望长期进行香蕉头的焊接最好选用好的焊接台辅助焊接。而在本文中使用了最简单的工具——钳子。

图 3.38　电机线与香蕉头的焊接

图 3.39　电机线裸露的线头

（1）焊接结构。我们需要焊接的是电机线和香蕉头，如图 3.40 所示，焊接时需要按照如图 3.41 的方式来焊接。

图 3.40　电机与香蕉头焊接配件

图 3.41　焊接方式

（2）焊接方式。焊接方式的分解如图 3.42 与图 3.43 所示。

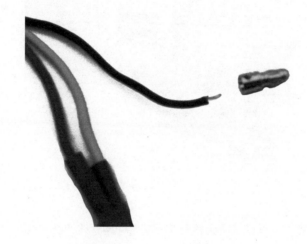

图 3.42　电机与香蕉头连接（1）

图 3.43　电机与香蕉头连接（2）

在焊接时，需要将香蕉头立起来，在没有专用的工具时可以使用钳子代替，如图 3.44 所示。

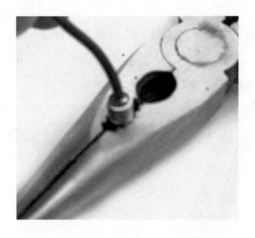

图 3.44　钳子辅助焊接

这样既可方便焊接，又保证了不会烫伤自己。读者也可以发挥想象，使用自己的方式，但一定要注意安全！

（3）套热缩管。焊接完成后的样子如图 3.38 一样，但这并不表示已经处理完毕。在没有将铜制的香蕉头用热缩管包裹时，紧挨着的香蕉头会在接触的时候形成短路，通电后就会烧毁电路。其后果将是烧坏电路或起火。所以焊接完成，检查焊接牢固后，需要套上热缩管。热缩管是一种受到高温的熏烤后会缩小的空心管，一般用于包裹线路的接口部分（类似于本书中的香蕉头）。热缩管也有不同的规格，本书中用的是 Φ5.5/2.75 热缩管。读者可按照自己的需要来自行选购合适的热缩管。

在使用热缩管时需要准备好剪刀和热风枪。有时候，可以使用吹风机或打火机代替热风枪，但效果不太好。因为吹风机的温度有些低，不能使得热缩管完全收缩，而打火机温度过于高，所以这两者都不太好操作，但可以作为临时的替代品。

在使用热缩管的时候，需要注意长短适当的热缩管，否则过长容易浪费，过短又不能实现保护电路的效果。图 3.45 所示展示了热缩管需要的长度。

在安装热缩管时需要注意，热风枪的温度较高，请不要对着人的身体部位吹，否则容易烫伤。在选择热缩管的时候还要注意，热缩管的颜色要与线的颜色保持一致。套热缩管操作非常容易。因为在使用热风枪时热缩管会马上缩小并固定于当前位置，所以套上热缩管后需要固定好位置，避免在热缩管缩小时偏离需要的位置。需要注意的是，热缩管的长度是不会有太大变化的，而是热缩管的直径在高温下一直在变小。

图 3.45　热缩管需要的长度

2 电调输出线与香蕉头的焊接

电调与电机连接时，直接焊机不是一个好的选择，除非你计划安装完以后就不想再拆卸了，可以选择这么做。由于这样一个原因，我们才选择了香蕉头。前面已经介绍了给电机安装香蕉头，而这里介绍给电调安装香蕉头。其中需要的配件就是电调和香蕉头，如图 3.46 所示。

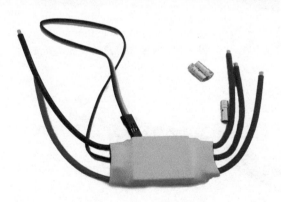

图 3.46　电调与香蕉头焊接的配件

（1）焊接结构。在安装时需知道安装方式，首先，了解一下在给电调焊接时的香蕉头结构，如图 3.47 所示。

图 3.47　香蕉头结构

在焊接时需要确定安装方式，如图 3.48 所示为安装相对应的位置，焊接方式如图 3.49 所示。

图 3.48　安装相对应的位置

图 3.49　电调焊接方式

（2）焊接及套热缩管。具体步骤如下所述。

1）焊接。焊接时需要使用专业的设备，同样也可以采用比较简单的方式，一个电烙铁、一个尖嘴钳，如图 3.50 所示。

图 3.50　钳子辅助焊接

2）套热缩管。焊接完毕以后，同样需要将接头用热缩管包裹。使用时仍需注意，3 个接头的颜色不要使用相同颜色的热缩管，否则容易混淆。需要热缩管包裹的部分，如图 3.51 所示。

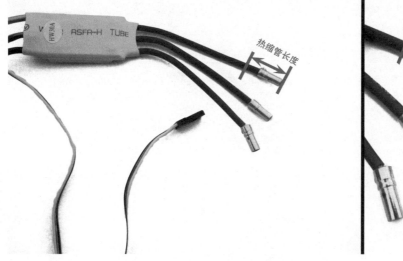

图 3.51　电调热缩管长度

　　在包裹好热缩管以后，就完成了一部分线路的焊接，完成后的效果如图 3.52 和图 3.53 所示。

图 3.52　电机

图 3.53　电调

[3] 电调之间的连接

　　处理完成以上的操作后，就可以开始处理电调与电源的连接了。连接多个电调和电池时，使用 F450 机架的四轴飞行器可以通过电池托架连接，如图 3.54 所示。使用其他机架安装的四轴飞行器，则可以通过它们特有的连接方式来连接。而在本书中，为了读者可以看清楚实际接线效果，采用了电源线连接（并没有直接连接在托架上）。

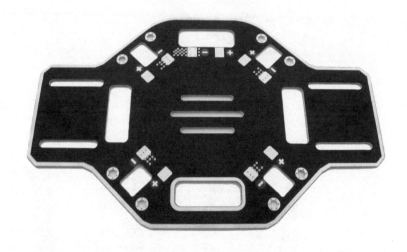

图 3.54　连接电源与电调的线路

连接方式如下所述。

（1）区分正负极

一般情况下，规定红色的线为正极，而黑色线为负极或接地线。如图 3.55 所示。

（2）焊接

此时焊接顺序读者可以自己选择，笔者采用了每个电调分别焊接方式。焊接完成后的效果如图 3.56 所示，中间的焊接部分由绝缘胶布包裹，以防漏电或短路。

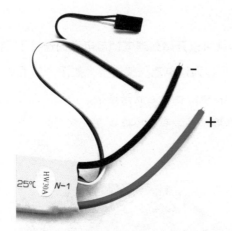

图 3.55　电调上的正负极

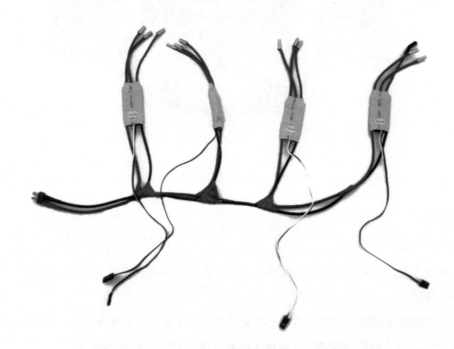

图 3.56　电调的焊接

　　下面为读者提供了焊接在托架上的连接方式，如图 3.57 所示。需要说明的是，在托架中的线路连接方式与上面的连接方式相同，不过，在托架上接线更方便。在这里同样提醒读者朋友，有些 F450 机架的托架不是很好（可能是山寨的），不一定可以承受得了大电流，所以，读者要谨慎选择连接方式。

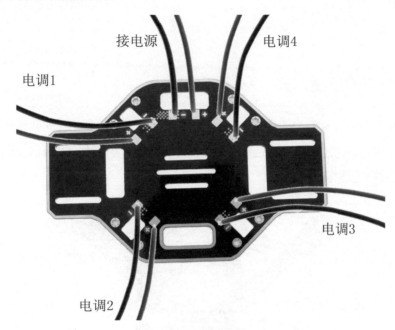

图 3.57　电调连接托架

4　T 型头焊接

　　最后还有一项比较重要的焊接工作，电池 T 型头的焊接。首先，不谈如何焊接，而是要提醒读者焊接时 T 型头绝对不能短路，否则，电池会烧毁或爆炸。不过，在购买电池时一般电池的 T 型头已经焊接好了，所以不需要读者自己连接。接下来就是电调接电源线的 T 型头接线的焊接。在焊接时要区分正负极，这时要区分电池的 T 型头的正负极（红色线为正极，黑色线为负极）。笔者的连接方式如图 3.58 所示。

图 3.58　T 型头的焊接

3.2.2　线路的走线方式

　　由于四轴飞行器的实用空间较小，而线路又较多，所以"走线"在安装时是一个比较重要的问题。这里展示的走线方式只是在安装前模拟一下，不至于在安装时出现太多的问题。笔者的整机安装方式如图 3.59 所示。

图 3.59　走线方式

其中，电池安装在电池托上，如图 3.60 所示，安装在机架上时，是在两个托架之间，如图 3.61 所示。

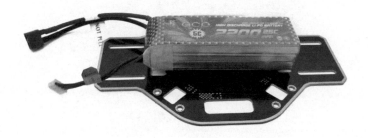

图 3.60 电池托与电池

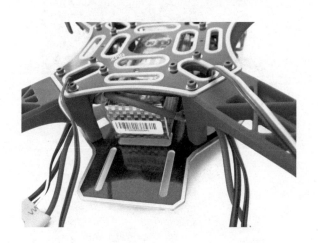

图 3.61 机架上的电池

电池的安装还好理解，而电调电源线和信号线就需要知道怎样安装了。如图 3.62、图 3.63 和图 3.64 为其中一个电调的线路安装方式。

图 3.62　电调线路（1）

图 3.63　电调线路（2）

图 3.64　电调线路（3）

主要的走线和安装方式就是这些，具体安装方式可以参照下一节内容。

3.3　整体组装

经过以上的机架安装和整体组装前的准备，即可开始整体组装四轴飞行器了。安装过程需要谨记电路的连接线不能短路。

3.3.1　安装机架、电机和电调

在做完了上面所有的准备工作以后，我们就可以正式开始整机安装。安装时笔者采用了安装电机、固定电池、安装电调、安装飞控板的顺序。

1 安装电机

安装电机时，需要注意将电机固定牢固、稳定。同时，拧螺丝时注意不要先将一边的螺丝拧紧，而是先将一个电机的所有螺丝拧上（而不是拧紧），然后，将每个螺丝拧紧。固定好以后，需要用手稍加用力摇动电机检查是否将电机固定牢固。具体操作过程如下所述。

（1）检查需要的安装设备和部件，电机、螺丝和悬臂如图 3.65 所示。安装时，注意电机应该安装的位置，如图 3.66 所示，螺丝是安装在电机的底部。

图 3.65　电机安装配件图

图 3.66　电机与机架的位置

（2）确定了位置，就可以安装螺丝，将电机固定在悬臂上。在安装的同时要把线整理好，如图 3.67 和图 3.68 中安装完成后的样子。

图 3.67　电机安装完成图（侧面）

图 3.68　电机安装完成图（顶部）

2　固定电池

电池是为四轴飞行器提供能源的部件，同时也是一个危险的部件。在安装时需要注意不能让其短路，也不能将其安装在容易受到冲击的部分。另外，在飞行器飞行的过程中，由于电流量比较大，所以电池会发热，最好不要将电池封闭起来。如图 3.69 所示为笔者固定电池的方式。切记在本章中不要将电池连接到飞控或电调上。

图 3.69　固定电池

（1）在固定时，需要检查电池是否固定牢固，为以后的测试和飞行做好第一次检查。安装时需要的配件有电池托、电池和带胶粘扣，如图 3.70 所示。

图 3.70　电池安装配件

（2）将一对粘扣分别粘在电池和电池托架上，安装时直接扣上即可。此固定方式为临时测试方式，在实际使用时读者还需要使用一条固定用的绳子（最好是带状）将电池固定牢。固定方式如图3.71所示。

图 3.71　电池安装

安装完以后不要着急将其安装到机架上，还需要安装其他部件。

3　安装电调

此时已将电机和电池固定好了，所以在安装电调时要注意不要将电池短路。安装电调时需要注意的不多，只要安装方向正确就行。在此时需要提醒一下，电调在连接飞控后是有顺序的，这样飞控才能识别出电调控制的电机是哪里的电机，才可以给出正确的判断，让飞行器按照你的想法飞行。

废话不多说，下面就开始电调的安装。我们需要的配件和器材有机架和已经连接好的电调，如图3.72所示。

安装时，相对应的位置如图3.73所示。

安装时需要注意安装的线路走线方式。如图 3.74 所示为电调信号线的走线方式，如图3.75所示为电调电源线的走线方式。

通过之前的线路放置，所有线路就算完成了。之后便可以安装电池，并将线路的安装方式确定下来。

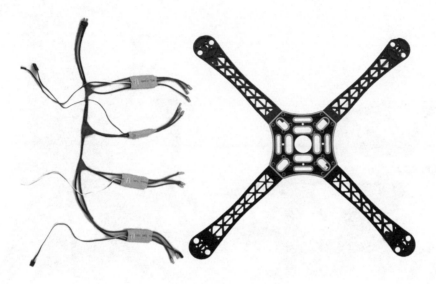

图 3.72 电调安装配件

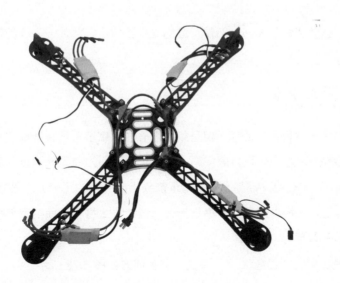

图 3.73 电调安装相对应的位置

图 3.74 电调信号线的走线方式　　　　图 3.75 电调电源线的走线方式

　　至此，已经安装好了大部分部件，但是飞行器的核心部件——飞控还没有安装。下面将详细介绍如何安装飞控。

3.3.2 安装飞控

　　安装飞控是一件很简单的事，但是如果没有注意细节，那将造成灾难性的后果。安装每一款飞控时都需要注意一个严重的问题——飞控的正面方向朝向哪里（正面方向决定了飞行器的前行方向）。一般的飞控都有一个指示箭头指向飞控的正前方，同时，除了飞控的正面，还要知道你自己向飞控中烧录的程序是什么（烧录方式将在后面的章节介绍）。

　　1 判断正面方向

　　我们这里安装的方式是 X 飞行模式，其正前方如图 3.76 所示。

图 3.76　飞行器的正前方

飞控的正方向判断方式如图 3.77 所示。图中飞控上的箭头，必须与飞行器的正前方相同。

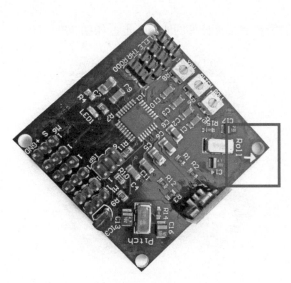

图 3.77　飞控的正方向

2 选择及安装配件

在安装飞控前需要将其配件都整理好，配件有飞控板、飞控托架、六棱柱，还有与六棱柱匹配的螺丝。首先，我们需要安装固定飞控的六棱柱。需要的配件有飞控托架、六棱柱和固定六棱柱的螺丝，如图 3.78 所示。安装步骤如下所述。

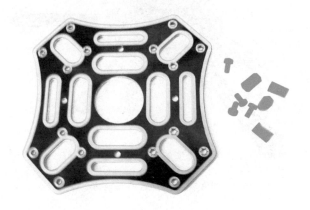

图 3.78　六棱柱安装配件

（1）将 4 个六棱柱固定在飞控托架的 4 个孔上。如图 3.79 所示。

图 3.79　六棱柱安装位置

安装好六棱柱后，应该呈现如图 3.80、图 3.81 和图 3.82 所示的样子。

图 3.80　六棱柱安装（正面）

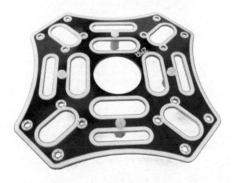

图 3.81　六棱柱安装（背面）

图 3.82　六棱柱安装（侧面）

（2）安装完六棱柱后，需要将飞控固定在六棱柱上。此时需要的配件为安装好六棱柱的飞控托架、飞控板和对应的螺丝，如图 3.83 所示。安装时相对应的位置如图 3.84 所示。

图 3.83　飞控安装配件图

图 3.84　飞控安装相对应的位置

将飞控放置好，拧上螺丝，飞控就固定在了六棱柱上。最后把飞控托架安装到机架上就完成了安装。

3 飞控控制线路连接

下面将接收器和电调的信号线连接在飞控上，这样才可以让飞控通电，并且让飞控控制电调从而实现控制电机的转速。这里需要注意信号线的连接方式，如图 3.85 所示区分了接电调与接收器的针脚。

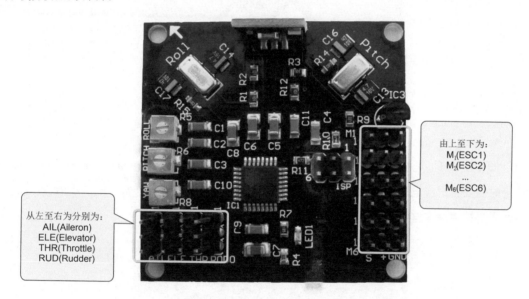

由上至下为：
M_1(ESC1)
M_2(ESC2)
...
M_6(ESC6)

从左至右为分别为：
AIL(Aileron)
ELE(Elevator)
THR(Throttle)
RUD(Rudder)

图 3.85 针脚介绍

其中 AIL、ELE、THR 和 RUD 分别接接收器的对应针脚，M1、M2 等分别接电调。这些接口必须一一对应，否则飞行器无法正常起飞或飞行。首先，我们先连接电调。电调连接时需要确定烧录的是什么程序，KK 可以烧录很多飞行器的程序（一次只能烧录一种）。本文中准备烧录的是 X 模式的四轴飞行器模式。按照这种方式安装时，电机（或连接电机的电调）对应的顺序如图 3.86 所示。

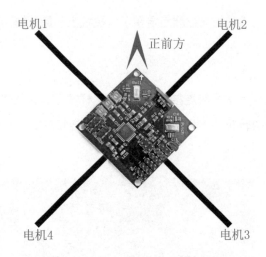

图 3.86　电机电调信号线连接

　　图中电机 1、电机 2、电机 3 和电机 4 分别对应于飞控上的 M1、M2、M3 和 M4 针脚。连接时需要将对应电机的电调的信号线连接到对应针脚，同时应当注意，同一个电调的信号线也需要按顺序连接针脚。按照第一个电调的连接如图 3.87 所示。

图 3.87　电调连接飞控

　　在连接时需要注意，针脚上标有 3 个标记 S、+和 GND，分别表示信号、电源正极和接地线。与电调线的颜色对应关系是，S 对应白色线，+对应红色线，GND 对应黑色线。每一个电调都要按这个顺序连接。电调连接好以后还需要连接接收器。

　　接收器的连接同样不能掉以轻心，因为接收器需要接收发射器的信号并传递给飞控，飞控才可以做出处理。需要注意，在 KK 飞控中只有 4 组针脚分别对应着 AIL（Aileron，副翼）、ELE（Elevator，升降舵）、THR（Throttle，油门）和 RUD（Rudder，方向舵）。这些必须对应连接在接收器上，不过由于接收器可能会因为厂家不同构造也会有所不同，所以在这里不多讲，只给大家看一下连接后的结果，如图 3.88 所示。

图 3.88　连接接收器

　　需要注意的是，在连接接收器时需要查看说明书，了解应该如何连接接收器的针脚。请读者务必认真查看，反复检查，以免酿成大祸。

　　到此，我们的飞行器整机安装已经完成。在此过程中初学者一定遇到了不少困难。在本书中尽量为读者考虑所有可能遇到情况，但总会有一些疏忽，所以有些情况需要读者认真判断，如若无法确定可以通过网络查找相关解决办法。最后，我们来看整机安装完以后的样子，如图 3.89 所示。

图 3.89　整机

最后需要说明，本节内容中没有安装桨片，具体的内容将在第 5 章介绍。这里是为了下一章的无桨调试做一些准备，建议读者朋友也按照本书提供的顺序进行操作。

四轴飞行器虽然算不上极其精密的仪器，但是在进行真正的飞行之前，为了保证安全，还是要做好各项检查工作。由于飞行器在运作时桨叶转速很高，为了避免带桨调试时带来的危害，就需要先进行无桨调试。无桨调试，顾名思义就是不带桨片的调试方式。这种调试方式虽然不能排除所有的问题，但是对于绝大部分的问题都可以各个击破。

第 4 章

无桨调试

4.1 无桨调试的主要作用

即使笔者说了需要进行无桨调试，但是，读者并不清楚其中的原因和目的。这样容易毫无目的地进行测试，而后果就是毁掉飞行器，或者伤害自己的身体。同样，在生活中，我们在完成某项工作时也是应该明确其目的和原因。这样才能事半功倍，甚至找到更好、更高效的方法。

4.1.1 无桨调试的原因

无桨调试在制作飞行器时是最重要的一步。为什么要这样说呢？首先，我们应该从原理上说起。四轴飞行器的起飞是靠螺旋桨快速旋转，然后推动空气快速流动，从而获得升力。而要让四轴飞行器获得足够的升力，螺旋桨需要有很高的转速，稍微不小心，不是将桨打坏，就是把自己搞个"血肉模糊"。并且，有些测试是在每一次起飞前必须调整的，具体的调整稍后将介绍。

无桨调试的原因也是为了在飞行时避免出现不可挽回的后果。而在飞行前做好充分的准备，可以保证首次飞行和以后飞行的安全。

4.1.2 无桨调试的目的

无桨调试是为了让飞行器第一次试飞时可以安全起飞，为以后飞行做好调试基础。同时，读者朋友应该注意为了飞行的安全，最好在每次飞行前做好无桨调试，检查好飞行器的安全性能。

无桨调试的要求和目的如下所述。

- 要求一：连接所有线路，接通电源（连接电池），进行首次通电测试。检查飞控板、电调和电机是否可以正常通电。
- 要求二：连接发射机，进行相关调节。
- 要求三：推动发射机油门通道，检查4个电机的选择方向，保证电机转方向正确。

对应于上面的3个要求，都有如下几个目的：

- 目的一：确认飞控板、电调和电机可以正常通电，不会出现短路现象。
- 目的二：连接好发射机和接收机，确认发射机各个通道可以控制飞行器。
- 目的三：确保电机转动方式正确，并确保油门最低时电机不会转动，同时确保推动油门达到四分之一处时电机开始转动。

4.2　调试方式

明确了调试的原因和目的，就可以开始正式的调试过程。调试过程中应该按照目的完成各项调试步骤。在此，笔者提供的步骤不能说是最好的，但是较为标准的。如果读者觉得有什么不妥，可以按照自己的方式来对现有的方法进行修改，但是主要调试的几项内容必须包含在其中，并且注意安全。

4.2.1　调试步骤1——连接线路

调试之前需要提醒读者的还是注意安全！

四轴飞行器组装完成后（包括接线完成），连接上发射机接收机，接通电源，匹配发射机。这时开始调试的准备。

在上一章中笔者只是简单介绍了安装过程，但是没有介绍接线的具体方法和对应方式。

现在就给读者朋友揭晓接线的方式。

1 电源的连接

在使用 KK 飞控板时，需要注意其供电方式是电调供电，不需要为飞控提供额外的电源。电调可以通过信号线给 KK 飞控板供电，而且无需担心供电不足。因为飞行器为了减轻重量，只提供有限的电池，所以 4 个电调的电源输入线需要采用并联的形式进行焊接，如图 4.1 所示。这样，使得每个电调的电源输入端可以接收到相同的电压。

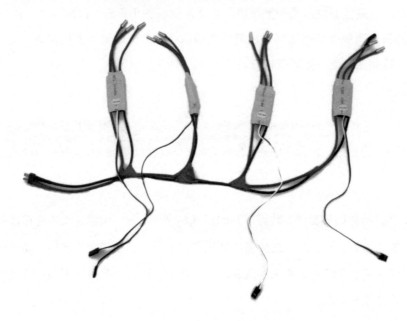

图 4.1　电调连接

2 电调与电机的连接

对此连接不需要做太多考虑，不过仍然需要考虑连接电调时不能使得电调交叉连接，也不能舍近求远让相距较远的电调和电机连接。同时，因为在前面我们已经给电调和电机焊接了香蕉头，所以连接电调和电机比较方便。连接方式如图 4.2、图 4.3 和图 4.4 所示。

图 4.2　电调与电机的连接（1）　　　　图 4.3　电调与电机的连接（2）

图 4.4　电调与电机的连接（3）

3 信号线的连接

信号线的连接，在上一章末尾已经有所介绍，但并不完整，下面将做一个完整的描述。
在连接信号线和电调时需要注意线序，必须按照标准的线序连接。连接方式如表 4-1 所示。

表 4-1　电调连接线序表

飞控板 ESC 接头名称	电调信号线颜色	接线的意义
GND	黑色	接地线
+	红色	正极线
S	白色	信号线

除了线序，还要区分电调的顺序。KK 飞控板上连接电调的针脚一共 6 组，分别对应不同的电调。这个顺序是由烧录的程序（或飞行模式）和电调所连接的电机决定的。所以，在连接信号线之前需要确认电调连接的电机，然后将电调信号线连接对应的飞控板上的电调针脚。

笔者的飞行器的结构如图 4.5 所示。

图 4.5　电调连接飞控板

其中，与"电机 1"相连的电调，需要和飞控板上针脚标为 M1 的针脚相连。连接方式要按照表 4-1 的标准连接。其他电机的连接方式以此类推，逐个相连。

④　接收机与飞控板的连接

飞控板需要与接收机连接才可以通过发射机控制。同时注意，接收机不需要额外电源，其电源由飞控板提供，只要飞控通电，接收机即可通电。KK 飞控板与接收机的信号线连接方式，如表 4-2 所示。

表 4-2　接收机连接线序表

通 道 名 称	接 头 名 称	接收机线头颜色
AIL	GND	黑色（另一端接接收机的 GND）
	+	红色（另一端接接收机的+）
	S	白色（另一端接接收机 AIL 的 S）
ELE	GND	-
	+	-
	S	白色（另一端接接收机 ELE 的 S）
THR	GND	-
	+	-
	S	白色（另一端接接收机 THR 的 S）
RUD	GND	-
	+	-
	S	白色（另一端接接收机 RUD 的 S）

在表 4-2 中 "-" 标识表示不需要接线，因为接收机只需要有一个连接上 GND 和+接口的线即可。有时候如果缺少白色线可以用其他线代替。不过，这时候需要注意，接完线后需要检查是否连接正确（当然，不这么接也需要检查）。具体的连接方式如下所述。

（1）检查接收机的通道。在本书中使用的接收机通道是 6 通道，其对应方式如表 4-3 所示（其中在 KK 飞控板中只用到了前 4 个通道）。

表 4-3　接收机通道对应方式

通 道 数	通 道 名 称
1	AIL（副翼）
2	ELE（升降）
3	THR（油门）
4	RUD（方向舵）
5	GYR（起落架）
6	PIT（襟翼、螺距）

（2）确认接收机的电源输入。在表 4-2 中可以看出电源线应该与 AIL 通道（也就是接收机的 1 通道）连接，如图 4.6 所示。

图 4.6　接收机 AIL 通道和电源连接

（3）连接其他通道的信号线（由于不需要多余电源线连接接收机，所以不再连接电源线），连接时还是按照表 4-2 中的对应关系连接，如图 4.7 所示。

图 4.7　接收机其他通道的连接

再次提醒读者，此时仍然不要将电调连接至电源！

4.2.2　调试步骤 2——发射机检查

发射机是控制飞行器的器件。为此，需要提醒读者，选择好的发射机将会有利于操作，同时也不会让飞行器失去控制。对于发射机，主要检查的内容是通电后是否可以接通发出信号。本书中用到的遥控是天地飞 WFT06X-A，其背部有电池槽可以安放电池。正面有开关，可以在需要的时候打开开关控制飞行器，不需要的时候关闭开关。其结构如图 4.8 所示。

图 4.8　WFT06X-A 结构图

4.2.3 调试步骤 3——接通电源，匹配接收机

在经过了上面两个步骤后，接下来就可以进行接通电源的操作了。但是，读者仍然要注意，在每次接通电源时，需要检查电调与电机的连接、电调与飞控板的连接和飞控板与接收机的连接。检查这些线路之间是否有短路情况，或者线头松动等，以免发生意外。

下面开始接通电源。同样，电源的黑色线代表 GND（接地）、红色线代表+（正极或高电压）。要与电调连接是需要对应：黑色线与黑色线连接，红色线与红色线连接。如图 4.9 所示。而连接方式如图 4.10 所示。

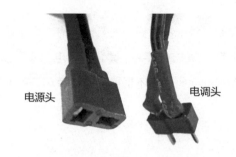

图 4.9 电源与电调头

图 4.10 电源与电调的连接

由于不同产品的发射机与接收机的匹配操作不同，本书中只按照天地飞的接收机匹配方式讲解。

（1）在接通电源以后，按住接收机（型号为 WFR06S 2.4GHz）上的 Set 键，直至 STATUS 进入慢闪状态，如图 4.11 所示。

（2）按住发射机上的 SET 键开机（按住 SET 键不松手，将电源开关拨动到开机处），然后松开 SET 键，如图 4.12 所示。

（3）再次按下 SET 键，进入对码功能。这时，发射机上橙色灯 SEATUS 常亮。

（4）长按 SET 键，至橙色灯慢闪，进入对码状态。

接收机上的Set键

图 4.11 接收机上的 Set 键

图 4.12 发射机上的 SET 键

（5）等待对码成功，对码成功时发射机绿灯常亮，接收机指示灯熄灭。在对码成功后切断飞行器和发射机的电源。

在此提醒读者，进行设置时每款飞控的设置方法不同，需要读者查看其说明书，进行对码操作。完成了的对码，还需要进行失控设置，这里就不再赘述。需要提醒读者朋友的是，在每次开始飞行前，认真检查每个电机是否工作正常，是否有强干扰。

4.2.4 调试步骤 4——检查电机转动是否正常

发射机和接收机对码成功后，需要检查的就是电机转动方向。首先，需要告诉读者的是，在螺旋桨转动时不仅仅会产生升力，而且会产生扭矩使得机身旋转。为了抵消产生的扭矩需要对螺旋桨的转动方向做严格的规定，本文中的电机转动方向如图 4.13 所示。

图 4.13　电机转动方向

如图 4.13 显示了电机的转动方向。当然，这样的设置就固定了每个电机上需要的是什么样的桨。在测试转动方向时需要使用到发射机，检查步骤如下所述。

（1）按照以上方式发射机和接收机对码成功后，接通飞行器电源，再打开发射器电源（切记不可推动发射机摇杆）。等待发射机与接收机连接。

（2）在发射机与接收机连接成功后，开始解锁飞控（解锁后，推动飞控油门即可使电机转动）。此时，禁止任何物品接触电机，读者务必检查清楚。解锁飞控的方式如图 4.14 和图

4.15 所示，因为发射机有日本手和美国手之分，所以解锁方式也不同。解锁后飞控上的灯会常亮，表示已经解锁（未解锁的飞控，灯不会常亮）。

> **注意：** 如果按照正常步骤无法解锁，可能需要将油门向下微调，如图 4.16 所示为油门微调。不过，也有可能是方向摇杆设置反向，这时就需要调整发射机上通道方式。也有可能是其他情况，这就需要读者朋友自己检查，并做出相应的处理。

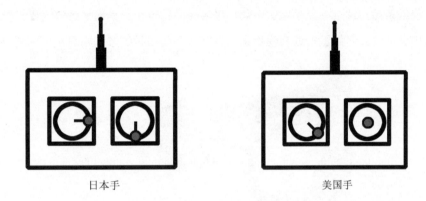

日本手   美国手

图 4.14　日本手 KK 飞控解锁方式　　　图 4.15　美国手 KK 飞控解锁方式

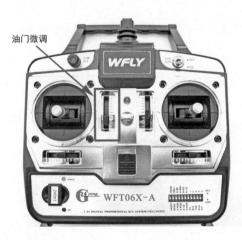

油门微调

图 4.16　油门微调

（3）检验电机旋转方向。经过以上两步后可以推动油门（推动油门前要确认电机固定稳固，并确认未安装桨片），在推到一定程度时电机会开始转动。油门推得越多，电机转速越高（切勿用手直接碰触转动的电机）。

判断电机的旋转方向可以有两种方式：一是，反复推动油门，使电机反复地停止转动和开始转动，判断开始转动时电机的转动方向，确定电机转动方向（对于有经验的人可以这样操作）；二是，准备一个纸条（宽 1~2cm、长 5~8cm），拿这张纸条的一端（手指要远离另一端），使纸条另一端（不是手握的一端）接触转动的电机，查看纸条弯向哪一端来判断电机转动方向。建议没有经验的读者使用第二种方式，使用时的方式如图 4.17 和图 4.18 所示。

图 4.17　测试电机转动方向（俯视图）

图 4.18　测试电机转动方向（侧视图）

　　按照图 4.13 所示的旋转方向设置电机。如果电机方向选择不正确，可以切断电源，然后交换电机的任意两根线即可，如图 4.19 和图 4.20 所示。需要注意的是，最好在每次起飞前都做一次检查，不要太信任自己的记忆力。在调整完毕以后需要读者朋友将飞控再次锁定，锁定方式如图 4.21 所示。

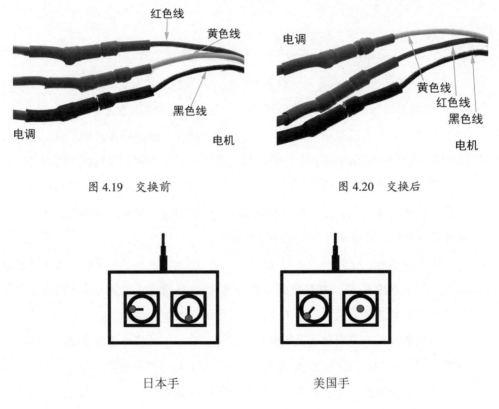

图 4.19　交换前　　　　　　　　　　　　图 4.20　交换后

图 4.21　锁定方式

　　到此，我们的调试工作已经完成，接下来总结一下调试内容：

- 组装、连接线路。确保飞行器的安装完整，固定稳固。并确保连接的线路不会出现短路的情况。

- 发射机检查。确保发射机打开电源开关后可以工作。

- 接通电源、匹配接收机。此项要求读者连接好电源，并且保证发射机与接收机连接成功。

- 检查电机转动方向。确保电机转动方向与要求一致。

在这几项工作完成后，即可进行下面的工作了。

4.2.5 调试完成后的检查工作

经过了以上内容的介绍，读者对飞行器的安装、启动和调试有了大致的了解，但是还不能试飞。我们还需要做好检查工作，保证每次的飞行安全。具体检查工作如下所述。

- 接通电源，检查电机是否可以正常通电（需要注意，接通电源时必须保证电机与电调相连，否则无法听到响声）。在接通电源以后，在笔者的试验机上电机会轻微的转动两下，并伴随"滴滴滴"的声音。此时，如果存在没有接通电源的电机，则该电机不会转动或发声，当出现这种情况时，读者需要检查电路连接是否正常、电调是否已经损坏，或者确认电机是否已经损坏。

- 发射机中点校准。这是一项必须完成的操作，同样在上面的小节中，若无法解锁可以先进行中点校准。在飞控板断开电源的情况下（必须断开电源），将飞控板上 PITCH 电位计逆时针旋转到底（仅限于本文中使用的飞控板，其他的飞控板可能不同）。打开发射器开关，将发射器上的微调全部调至中间，摇杆也调至中间。飞控板接通电源，KK 飞控板上的 LED 灯会闪动几下，然后等待两秒左右，会闪动一下（闪动一下表示调节完成）。然后将飞控断电，将 PITCH 电位计调回原来位置（默认是中间的位置）。PITCH 电位计位置及调节如图 4.22 和图 4.23 所示。

- 调整解锁。出于安全的考虑，KK 飞控在解锁操作时需要将油门微调向下拨动一些（不能太多），如图 4.16 所示为调整的油门微调。所以，在无法解锁 KK 飞控的时候可以尝试将油门微调，向下拨动一些，然后再进行解锁操作。

图 4.22　PITCH 电位计位置

ROLL　　　　PITCH　　　　YAW

图 4.23　PITCH 电位计调节

- 油门行程校准。检查电机是否同时启动。接通电源，解锁 KK 飞控。轻轻推动油门，观察电机转动，检查 4 个电机是否同时启动。需要注意，此时不能推动其他摇杆，并且必须保持油门不会左右偏斜。如果 4 个电机没有同时启动，就需要进行油门校准。油门行程校准的方式是：断开电源，将 YAW 电位计逆时针旋转到最低，如图 4.24 所示，将发射机的油门推到最大（发射机不得断电）；此时，飞控重新连接电源，KK 飞控板的 LED 灯会快速闪动数下后熄灭；等待大约两秒，就会听到电机发出"滴滴"两声，随即快速把油门拉到最低，电调短音数下，跟着就是一声长音，表示油门校准完成。

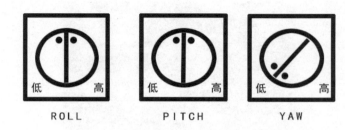

图 4.24　YAW 电位计调节

　　以上就是调试步骤完成后的检查工作。其实这两部分作为同一部分来做更为有效，避免重复性的完成电源的连接和断开。下面笔者为读者朋友分享了自己的操作步骤。

　　（1）连接线路。组装完成所有线路，避免短路。

　　（2）发射机检查。检查电池安装是否正常，打开开关，观察指示灯状态，对照说明书确认状态是否正常。

　　（3）电机是否通电。此步骤只需要接通电调电源，随后飞行器的电机会有轻微的转动并发出"滴滴"声，该步骤只需要观察电机是否转动即可知道电机为正常通电。如果存在没有转动的电机，则需要检查电路连接（必需断开电源后再检查）。若正常则直接进入下一步，无需断开电源。

　　（4）匹配接收机。按照发射机和接收机的说明书进行匹配。完成后断开电源。

　　（5）发射机中点校准。将飞控板 PITCH 电位计逆时针旋转到底。发射机上的微调全部回中，打开发射器电源。接通 KK 飞控电源，KK 飞控上的 LED 会闪动数下，稍等两秒，又闪动一下。KK 飞控断电，PITCH 电位计调回默认位置。

　　（6）校准油门行程。将 YAW 电位计逆时针旋转到底，发射机油门调到最大（发射机不能断电）。接通 KK 飞控电源，在 LED 灯快速闪烁几下后等待电机发出"滴滴"两声后，快速把油门拉到最低，电调短音数下，然后一声长音，校准完成。此时推动油门，4 个电机会同时启动。断开飞控电源和发射机电源，YAW 电位计调回默认位置。

（7）检查并修改电机转动方向。将发射机油门微调，向下拨动一些（不宜过多，否者电机无法提供足够动力）。接通飞控电源，打开发射机开关，等待发射机与接收机连接。发射机与接收机连接成功后，使用前面提供的解锁方式解锁飞控，并将油门置为最低。缓慢推动油门，电机就会慢慢开始转动，然后检查电机转动是否正常，调整电机转动方向。

经过以上 7 个步骤，已经排除了绝大部分问题，只要安装上桨片就可以开始起飞了，但是为了安全，还需要提醒大家注意安全！请按照步骤一步一步进行，请阅读完第 5 章再开始飞行。

4.3　注意事项

无桨调试的步骤不算复杂，也不算多，但是依然需要读者注意一些关键性的问题。这些问题很重要，不能在操作过程中省略或者忽略。把这些要求做到了，就可以更好地做好无桨调试，避免重复性的检查和修改。

4.3.1　安装完成后的检查内容

安装完成后的检查内容，无非就是为了安全！所以为了安全，我们进行下面的检查。

（1）电池。电池在整个设备中属于比较危险的器件，在运作一段时间后，检查电池是否有鼓包或其他异样的情况。若存在异样，则需要更换电池，并妥善处理损坏的电池。

（2）电路检查电路的接口是否有过于发烫的地方，或者焊接松动的地方，如果有，就需要重新焊接或检查线路是否短路。

（3）电调。因为现在还没有起飞，电调的问题一般不会显现出来，但是在这里需要读者确认自己的电调与电机是否匹配。

（4）电机。除了上一项中说到的匹配问题，还有就是经过测试的启动后，需要查看电机是否过于发烫，如果过于发烫，就需要更换新的电机。

检查的这 4 项内容，是为了第一次飞行做好充足的准备。而在每次飞行完成后，进行这些检查也可以为下一次的飞行做好准备。

4.3.2 调试过程与注意事项

到这里，我们已经做完了所有的无桨调试内容。不过，经过上面的大片的详细描述，读者也许已经不知所云了。在这里，笔者做了一些整理，并添加了注意事项，让读者朋友可以从整体上了解调试过程。无桨调试步骤及注意事项如下所述。

（1）连接线路。在此过程中需要注意的是线路不能打结，否则容易折断电线。安装时不能连接电源，同时也要注意自己的手或其他身体部分不能同时接触电源的两极。而且还要注意连接电调和电机时，3 对线头的可以任意连接，之后再调整顺序。还需要注意，连接了电机和电调以后需要查看有热缩管的部分，是否完全包裹了香蕉头。

（2）发射机检查。发射机一般都设计了电池槽，但是发射机用电量太大，而且使用的充电电池会比较贵。有些人就会使用同电压的航模锂电池，此时需要注意在接连接线时需要找准正负极。若正负极接反了就会烧坏发射机。随后就是需要注意电池电量的问题，每次用完发射机时，读者需要自己估计电量，或用其他工具测量电量。

（3）电机通电检查。这一步比较简单，仅需要接通电源即可。不过需要注意观察和听电机的声音，不能错过任何一个细节。可以通过多次的接通和断开电源来一个一个检查。

（4）匹配接收机。在前面的小节中已经介绍了天地飞的一款发射器的匹配方式，但需要注意，不同的发射机匹配方式有所不同，需要读者自行查看发射机说明书来进行匹配。

（5）发射机中点校准。此项操作是为了让飞控明确发射机的所有中点的参数，以便以后调整时更加准确方便。校准时应当注意，PITCH 的调整需要在飞控板断电时才可以进行，否则操作无效。而对于其他的飞控，调整方式可能大不相同，需要读者查看相关资料。

（6）油门行程校准。油门行程的校准，是必不可少的一步。如果在启动时 4 个电机不是同时开始转动，这时候就需要进行油门的行程校准。同样，在校准时因为需要调节 YAW 电位计，所以在断电时才可以调节电位计 YAW。除了注意电位计的使用，还需要注意，在拉下油门时一定要快！不能缓慢地拉动，而且一定要拉到底才可以。

（7）检查并修改电动机转动方向。在电机转动时，由于电机转动的速度过快，肉眼根本无法辨别，所以需要采用一定的技巧来判断电机的方向。笔者是采用了反复多次推动油门，观察启动瞬间和停止前的转动趋势来判断。读者可以采用 4.2.2 节中介绍的检查电机转动是否正常的方法来判断。

　　无桨调试在保证安全的条件下完成了大多数的安全检查，并排除了一些可能出现的安全隐患。然而，飞行器总是要起飞的，在起飞后情况也是十分复杂的，不知道会有什么样的情况发生。所以不能放松警惕，有桨调试也是必须的检验。而且此过程有些许的危险性，所有请大家看完本章，并"消化"了本章内容以后再做测试。

第5章

有桨调试

 5.1 有桨调试的作用

在开始调试之前，需要了解有桨调试的作用，做到有的放矢。

5.1.1 有桨调试注意事项

有桨调试是指，对安装完成的飞行器（4个螺旋桨也安装在电机上）进行的一系列的安全检查和调试。由于此时已经安装上了螺旋桨，所以现在的飞行器如同上弦的箭，在启动时都必须注意安全，不能伤害到附近的人员。最好的方式是非操作人员远离飞行器（确保操作者和附近人员距离飞行器2米以上的距离），这样就保证了大部分人的安全。除了安全问题外，还需要注意以下两点。

首先，有桨调试是在装上桨片以后的测试。所以，在安装桨片的时候需要注意，飞控板和电调必须断电；安装桨片时注意是正桨还是反桨，要对应不同的电机安装；安装完桨片后要检查是否固定牢固。

然后，在安装完桨片后就开始正式调试工作。这一过程中对于经验的要求很重要，所以新手要不断地练习，注意积累调试的经验。因为在这个调试过程中需要使桨片转动，必要时需要让飞行器起飞一定高度。

5.1.2 有桨调试前的检查

检查，一切只为了安全。在玩飞行器的时候必须时刻注意安全。首先保证的是大家的人身安全，其次是保证器械不会受到过度的损伤。即便是在确认了飞行器安全时也不能掉以轻心，所以检查变得尤为重要。

在进行有桨调试前我们需要注意以下几点：

- 确认油门行程已经校准。校准方式在上一章已经讲过，在此不再赘述。

- 检查螺旋桨是否已经固定牢固。由于电机在转动时速度很快，桨片固定不牢固，很容易使得桨片脱离电机，伤到周边的人，所以务必认真检查。

- 确认桨片完好无损（出现裂纹的桨片尽量不要使用）。由于电机较高的转速，任何裂纹都有可能造成桨的断裂，伤到人是在所难免的。此项依然必须认真检查。

- 确认电机旋转方向与桨片匹配。此项检查为的是，在螺旋桨转起来的时候为飞控提供的是向上的升力，而不是向下的压力。检查方式如图 5.1、图 5.2 和图 5.3 所示。

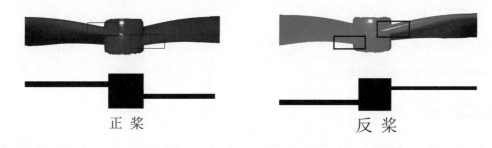

图 5.1　正桨辨别　　　　　　　　　　　图 5.2　反桨辨别

俯瞰 逆时针旋转装正桨　　　俯瞰 顺时针旋转装反桨

图 5.3　电机转动与对应桨片

- 确认发射机（遥控器）电量充足。只要保证电池可以用到调试完成即可。

调试之前检查这些项目，可以保证调试过程中操作人员和飞行器的安全。话说回来，即便是检查了这些情况，也不能保证可以完全的安全。所以在检查时也要注意其他情况，如短路、接口接触不良、电池电量不足或有损坏和机架螺旋桨裂纹等。只有注意了所有的细节才可以保证每次飞行的安全。所以，读者需要尽可能地注意到一切不正常情况，以免发生危险。

5.2 调试方式

在有桨调试中，调试的方式很重要。因为要完成相应的目的，所以必须要有规范的方式，这样可以做到不重不漏。如果漏掉一步，有可能会成为以后的安全隐患。所以请读者按照指定步骤一步一步进行操作和检查。

5.2.1 调试步骤

首先，注意在完成上一节的检查和了解注意事项后才可以进行下面的操作。需要注意，此时进行的调试已经不是先前的无桨调试，加上桨叶的飞行器在启动后很容易伤人。检查时必须按照一定的安全步骤来调试。调试步骤如下所述。

（1）不要着急把桨安装到电机上。在没有进行发射机校准前需要进行调整，此时不能装桨。发射机校准，最主要的是微调中点校准和油门行程校准。这些内容在上一章中已经说明，此处不再赘述。

（2）安装螺旋桨。对于不同的电机和桨片安装方式可能会有所不同，本部分只按照笔者使用的电机和桨片安装。安装方式如下：

- 选择安装的桨片。在飞行时电机带动桨片转动，桨片会与空气产生作用力，桨片就会获得反作用力，从而使飞行器起飞。但是由于电机的转动方向不同，这时，如果装错了桨片会使得飞行器获得相反的力。此时不但不能起飞反而会把飞行器搞坏，甚至伤到周边的人。选择方式如图5.1、图5.2和图5.3所示。

- 固定桨片。桨片的固定方式与电机和桨片种类有关系，本书中只介绍一种。安装时注意，将桨片固定牢固，但不能损坏桨片，安装方式如图 5.4 和图 5.5 所述。

图 5.4 螺旋桨安装分解图

图 5.5 螺旋桨安装

（3）捆绑限制飞行器的飞行。因为第一次调试飞行，有可能由于不知名的原因，使得飞行器到处乱飞，所以在测试飞行时需要固定好飞行。不过这里所说的固定并不是说不能让飞行器起飞，而是指要控制其在一定范围内飞行。这时需要有绳子可以拉住飞行器，限定其飞行范围即可，如图 5.6 所示。

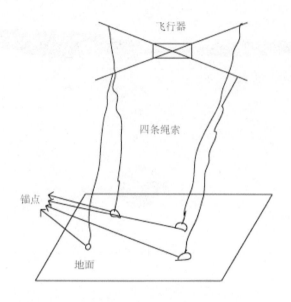

图 5.6　限制飞行器的飞行

（4）测试飞行。这里就开始了正式的测试过程，在这个过程中，可以看到飞行器是如何飞行的。操作步骤如下：

- 接通电源、连接发射机。在确认了一切正常后，此时就可以接通电源，然后打开发射机开关，等待发射机与接收器连接。
- 解锁飞控。接通电源，连接发射机后，需要让飞行器附近的其他人员远离，并确保附近有一定的空间供飞行器飞行。这样就可以开始解锁，使用美国手的发射机的解锁方式如图 5.7 所示，使用日本手的发射机的解锁方式如图 5.8 所示。解锁后注意，油门要保持最低，如图 5.9 所示。

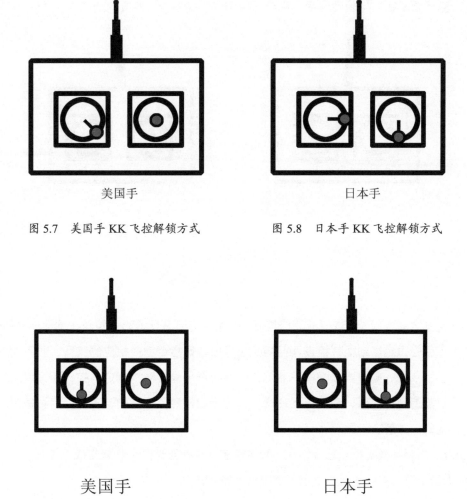

图 5.7　美国手 KK 飞控解锁方式　　图 5.8　日本手 KK 飞控解锁方式

美国手　　　　　　　　　　　日本手

图 5.9　保持发射机油门最低

- 推动油门，开始起飞。缓慢推动油门（不要移动其他摇杆），摇杆移动方向如图 5.10 所示。注意观察飞行器的起飞状态。在飞行器起飞时，注意飞行器起飞的姿势，如果出现较大的偏斜马上拉下油门，避免出现意外，并且锁定飞控断开电源，然后检查问题所在，排除问题后，重新开始测试。推动油门的方向如图 5.10 所示。

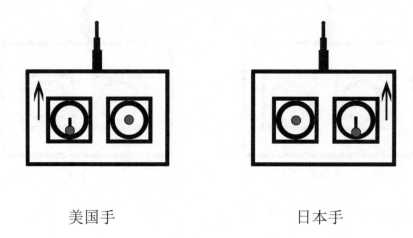

美国手   日本手

图 5.10 推动油门的方向

- 检查方向控制。检查完成油门控制无误后，即可开始检验遥控器在其他通道的使用。来回轻微地移动摇杆检查飞行器是否可以按照指令完成相应的飞行。若不能完成相应的飞行，则需要缓慢拉下油门，让飞行器平稳着陆，锁定飞控，断开电源，然后排除遇到的问题。最后需要注意，这一步骤是需要反复实验多次，尽可能多地发现问题，并解决问题。

至此，需要完成的检查已经结束。如果读者认真按照这几个步骤完成了检查，首次的飞行可以保证足够的安全了（不过也不能疏忽大意）。

5.2.2 调试完成后的首飞

野马性情急躁，极易挣脱控制。尤其是用缰绳束缚了较长时间的野马，在它挣脱缰绳的那一刻起，任何人将无法控制，我们的飞行器也是如此。在放开了束缚飞行器的绳子以后，首飞过程中，只要稍有操作不慎，飞行器就如脱缰的野马到处乱撞，所以在操作时需要小心翼翼，对于发射机摇杆不要大幅度摆动。

在开始首飞时，需要读者注意，本节内容需要读者配合 5.2.3 节的内容一起完成。所以看完本节内容后不要开始首飞，而是在看完首飞测试后再进行首飞。在首飞时要注意，平稳起飞，平稳降落。就如之前的几章，这里依然给出首飞操作步骤。

（1）选择场地。飞行器的飞行需要一个较为安全的环境，一是为了保证飞行器的安全，二是为了保证人员安全。所以在首飞时需要选择一个开阔的场地（尤其对于新手更要选择开阔的场地），并且人流量必须很少。选择好了开阔的地方，并非就能高枕无忧了，飞行时需要的天气条件也很重要。首先，因为飞行器没有任何防水措施，所以必须在不下雨和不下雪的天气下飞行（当然最好也不要选择有水潭的地方）。其次，不能有较大的风，如果风过于大，就会增加飞行难度，对操作者来说无疑是一项巨大的挑战。如果选择在离家较远的地方，那就需要考虑电池的问题。因为一块电池飞行的时间可能在 10～20 分钟之间（如果有高容量电池可能较为久一点，但时间也不会太长），所以想要多飞几分钟就需要多带几块电池。

（2）首飞前的检查。检查是一项严谨的工作中必需的操作。检查的内容包括：机架螺丝是否固定牢固；电机是否完好，并且固定牢固；电调是否完好；飞控板是否已经固定牢固；电池是否电量充足，并确认是否鼓包或有其他异常（如有异常，尽量不要使用）；线路是否固定牢固，并且确保没有线路短接。

（3）接通电源。确保检查无误以后，就可以接通电源（如同我们上一章中讲的接通电源的方式）。唯一要注意的是，不要让自己触电，例如，用沾水的手去连接电源，虽说危险不大，但也不要轻易尝试。

（4）解锁飞控。接电源，经过几秒钟的等待，发射机就会连接上接收机，并且飞控板也启动了控制系统。如果你的接收机没有连接上发射机请重新设置它们的连接，连接方式参照上一章介绍的内容。此外，注意美国手和日本手的区分，解锁方式如图 5.7 和图 5.8 所示，当然也要注意解锁后保持油门位置最低。

（5）起飞。这将是飞行器的第一次自由自在的"翱翔"。然而，首次起飞一般是伴随着断桨、炸机等事故结束的。所以，建议在第一次飞行时携带调试说明书（可以根据本书内容自行整理）、备用的正反桨 1～3 对、备用电机和备用电调各 1～2 个。情况允许时可以携带包含烧录程序的笔记本电脑，并记住携带烧录线。起飞的操作仅仅需要慢慢推动油门，在快要离开地面时，控制飞行姿态，平稳起飞。然后，稍微调整油门，使飞行器平稳的飞行在某个高度。

（6）飞行过程。在起飞后，不是说就没有问题了。在此时，需要使用摇杆来控制飞行器做一些简单的动作，了解飞行器接收发射机的指令后是否能够正确处理。同时，也是在训练操纵者的操纵能力。对于新手需要慢慢适应。新手在操作时，飞行器的飞行方式可能会比较不稳，不过不用担心，只需要长时间的练习就会飞得越来越好。具体的操作将在 5.2.3 节中详细描述。

（7）降落，并锁定飞控。在飞行过程结束后，需要让飞行器平稳降落，缓慢地拉下油门，并保持飞行器平稳飞行。待飞行器开始降落时，油门停止向下拉，此时需要保持飞行器慢慢下落的趋势即可。待到飞行器接近地面时（大概距离地面 15～20cm 时），让飞行器保持当前高度 1 秒左右。然后再次缓慢让飞行器降落，并在距离地面 5cm 左右时继续拉下油门，直至飞行器着陆。随后将油门拉到最低，但注意现在不要随意接近飞行器，而是先将飞行器锁定。锁定操作如图 5.11 所示，锁定飞行器后就可以接近飞行器了（在锁定以后推动油门是不会使得飞行器电机转动的）。

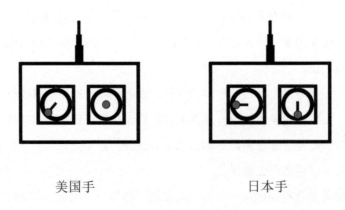

美国手　　　　　　　　　　日本手

图 5.11　KK 飞行的锁定方式

（8）检查飞行器。降落锁定飞行器，随后断开电源。检查飞行器的磨损度，查看电线是否有破损，检查各种接口处是否有破损。如有较大的破损，请及时更换，以免影响下一次飞行。

（9）整理飞行器。最后，在调试完后，时间也不早了，该收拾回家吃饭了。整理飞行器时注意，断开电源！将飞行器相关物品收拾进收纳盒，如果在室外，请将垃圾收拾干净，保护环境人人有责！

5.2.3　首飞测试

飞行器安装完成并经过了严密的检查，并不能说明飞行器已经可以安全飞行了。在真实的飞行过程中，飞行器有可能显示出一些平常不注意的问题。而且在飞行时需要一个较长的时间，这样对电机、电调、焊接线路、电池和发射机都有相应的考验。下面就开始首飞测试。

首飞测试，主要指在飞行器起飞后的一段过程中进行的相关测试，在首飞测试中，会有描述如何操作飞行的方式并要求读者认真学习该操作。其中测试内容包括油门测试、偏航测试、俯仰测试和滚转测试。这几项分别对应了发射机上摇杆的 4 个通道。具体测试内容如下所述。

1　油门测试

油门，直接控制的是 4 个螺旋桨的转速。转速越高提供的上升的力度越大。首先，因为飞行器飞行时质量不变，所以在飞行过程中，只需要提供与重力等大的反向力（也就是上升力）即可保持飞行器的高度（在此排除了风对飞行器的影响）。当飞行高度需要提高时，可以推动发射机的油门摇杆，使飞行器的所有的螺旋桨转速提高，此时飞行器就会提高高度。如果想要飞行器高度下降，只需要拉下油门，这时飞行器所有的螺旋桨的转速就会降低，飞行器就会开始下降。油门的推拉操作，如图 5.12 所示，请区分美国手与日本手的操作方式。

油门操作的作用就是保持、提高和降低飞行器的高度。在油门测试中，也要围绕这几点进行测试（当然也要注意其他摇杆，不要让飞行器到处乱飞）。测试时，需要反复进行测试：首先，推动油门，使飞行器高度提高；然后，到达一定高度后拉下油门，飞行器会慢慢下降；

最后在快到达指定高度时，缓慢推动油门使飞行器停止下降，并保持一定的高度。需要注意的是，因为没有自稳功能，所有保持高度可能有些难以操作，需要多多练习。

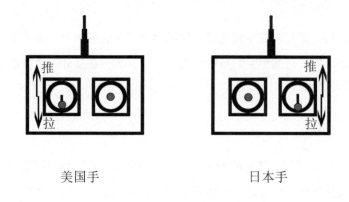

美国手   日本手

图 5.12　油门推拉方式

2　偏航测试

偏航，顾名思义就是偏离航向。一般来说，偏航是指机头的朝向发生改变，飞行器会随之改变前进方向，也就是改变了航行方向。在四轴飞行器中改变航向的方式不是使用舵机，而是改变桨的转速来完成偏航的操作。若要理解四轴飞行器的偏航，需要从扭矩说起。在螺旋桨旋转时，固定该螺旋桨的机架会受到一个力（力学中称为力矩），这会带动机身跟随螺旋桨一起转动，这就是产生的扭矩。直升机就是为了抵消这种力才添加了尾桨，而在四轴飞行器中我们可以利用这种力完成偏航的操作。具体方式，读者可以查阅相关资料。

在测试时，偏航操作是由油门摇杆的左右方向决定的。所以在测试偏航时需要左右摆动油门摇杆，而其他的摇杆要配合保持飞行器稳定。需要注意的是，如果没有推动摇杆使飞行器前行时，左右摆动油门摇杆，就会使得飞行器原地旋转。而在前行状态下使用偏航操作，就会出现转弯的效果。所以读者可以借此来判断通道选择和电调顺序是否正确。偏航操作方式如图 5.13 所示。

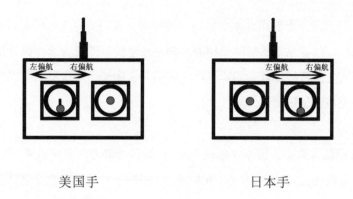

图 5.13　偏航操作方式

3 俯仰测试

　　俯仰是飞行器的前行和后退的操作（而在固定翼飞机中，主要爬升和下降）。当机头俯下就会前行，当机头仰起就会后退（在直升机里是一样的效果）。在四轴飞行器中实现这种效果也是通过螺旋桨的选择速度控制的。如果想要机头仰起，则需要降低尾部螺旋桨的速度，增加机头螺旋桨的速度，但同时应该保证对角线上的两对桨的速度比相同。这样就保证了机头仰起，而且不会出现偏航的操作。俯冲操作也是类似的，只不过正好相反。发射机的俯仰操作方式如图 5.14 所示。

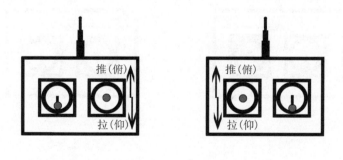

图 5.14　俯仰操作方式

在进行测试操作时，需要用到发射机的右侧摇杆（美国手的发射机在右侧，而日本手的发射机则在左侧）。向前推动摇杆即是俯冲，向后推动摇杆即是仰起。也就是说向前推动摇杆，飞行器向前飞，向后推动则会后退。反复进行几次实验，若有异常可以进行调整，然后再次测试，直到完成测试内容。

4 滚转测试

滚转的操作原理其实跟俯仰操作原理类似，只是其运动方向有所改变。同俯仰操作相同，滚转操作时四轴飞行器的一侧（左移时为左侧，右移时是右侧）的螺旋桨转速会下降，而另一侧转速会增加。这样就会完成滚转操作。理论上在执行该操作时机头朝向不会改变，但是实际情况会有所不同。所以在执行操作时，需要不停地调整飞行器的机头方向，确保飞行器机头方向不会改变。

在测试操作时，进行滚转操作的摇杆是右侧摇杆（这里指的是美国手，而日本手的发射机在左侧），具体操作方式如图 5.15 所示。此摇杆的左右摆动即是滚转操作。操作方式也同俯仰操作类似，但是应当注意操作的幅度不宜过大，每个操作的时间也不宜过长，否则，飞行器移动距离较远，可能移动出活动范围。

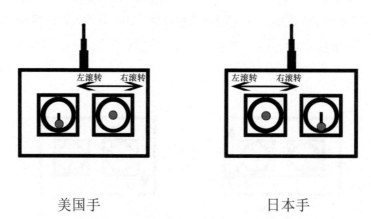

美国手　　　　　　　　　　日本手

图 5.15　滚转操作

5.3 新手基础操作练习

完成无桨测试和有桨测试，接下来就是自己大展身手，向各位慕名而来参观的小弟们展示高超技艺的时候了。不过在你达到可以展示的技艺前，需要认认真真完成各项基本动作的训练。本节将介绍如何完成新手练习。

新手练习的内容可分为基础操作练习、日常飞行练习和进阶动作练习。读者需要一步一步进行练习，直到熟练操作。不过，在实践这些操作前，大家需要阅读第 6 章的内容。下面我们依次来学习不同的练习。

5.3.1 起飞与降落练习

起飞与降落是飞行过程中首要的操作，虽然简单但也不能忽视其重要性。首先，来看起飞过程（这里就省略接通电源操作）。远离飞行器，解锁飞控，缓慢推动油门等待飞行器起飞。这就是起飞的操作步骤，其中推动油门时一定要缓慢，即便是已经推动一点距离，电机还没有启动也要慢慢来。这样可以防止由于油门过大而无法控制飞行器。在飞行器起飞后，不能保持油门不变，而是待飞行器达到一定高度，一般是离地约 1m 后开始降低油门，并不停地调整油门的大小，使飞行器在一定的高度范围内徘徊。这是因为有时油门稍大飞行器上升，油门稍小飞行器下降，这样就必须将油门徘徊在这个范围内才可以保持飞行器高度。

降落时，同样需要注意操作顺序：降低油门；使飞行器缓慢靠近地面；离地约 5～10cm 处时稍微推动油门，降低下降速度；然后再次降低油门直至飞行器触地（触地后不得推动油门）；油门降到最低，锁定飞控。相对于起飞来说，降落是一个更为复杂的过程，需要反复练习。

在降落和起飞的操作中还需要注意保证飞行器的稳定，飞行器的摆动幅度不可过大，否则降落或起飞时，有打坏螺旋桨的可能。

5.3.2 升降练习

简单的升降练习不仅可以锻炼对油门的控制，还可以让初学者学会稳定飞行器的飞行。在练习时注意场地需要有足够的高度，最好在户外进行操作练习。

1 上升练习

上升过程是飞行器螺旋桨转速增加，飞行器上升的过程。这个过程主要的操纵杆是油门操纵杆（美国手左侧摇杆的前后操作杆为油门操作，日本手右侧摇杆的前后操作杆为油门操作）。练习上升操作时，（假设已经起飞）缓慢推动油门，此时飞行器会慢慢上升，油门推动越多（不要把油门推动到最高或接近最高），上升速度越大。在上升达到一定高度或者上升速度达到自己可控操作的限度时停止推动油门，这时，会发现飞行器依然在上升。若想停止上升，必须降低油门（同时注意，不要降低得太猛，保持匀速即可）直至飞行器停止上升。然而这时会发现飞行器开始下降，这时又需要推动油门让飞行器保持高度，反复几次操作后飞行器即可稳定。这就是整个上升过程。

2 下降练习

下降过程同上升正好相反。下降时，螺旋桨的转速会降低，飞行器会因为缺乏升力开始降低高度。在开始练习下降操作前，确保飞行器已经达到了足够高的高度！在飞行器已经稳定悬停时，开始缓慢拉下油门。注意，不能将油门拉得太低！在飞行器有较为明显的下降时，停止拉下油门摇杆。这时飞行器还会继续下降。同时，注意不要让飞行器过于接近地面！在到达一定高度时开始推动油门迫使飞行器下降速度减慢，直至飞行器停止下降。这时会出现与上升操作时类似的状况，飞行器开始上升，这时又需要降低油门，保持现有高度。经过反复几次操作后飞行器才会保持稳定。

在这个过程中如果下降高度太多，或者快要接近地面，但是飞行器还无法停止下降，需要加快推动油门速度（操作者可以自行考量应该多快）。但是要注意查看飞行器姿态，若过于偏斜，则不可加速推动油门，否则会有危险。

在这里可以看出飞行器的下降不同于上升过程。因为上升时需要的是螺旋桨的转速提供的升力，而且在户外，一般没有上升的限制，而下降则不同，螺旋桨提供的升力成了辅助用力，下降过程主要靠重力作用在下降。所以对于下降来说更难以操作，需要多加练习才可很好的掌握。

5.3.3 俯仰练习（前行与后退）

俯仰操作，也是飞行的基本操作。俯仰操作用于飞行器的前行和后退操作，保证飞行器正确飞行。

1 俯冲练习

俯冲操作时，飞行器机头会略微下降，机尾会抬起。对应于螺旋桨的转速则是机头两个螺旋桨转速下降，机尾螺旋桨转速提高，随之螺旋桨的提供的力就会与水平面有一定的夹角。这样一来，不仅可以给飞行提供了抵消重力的升力，而且提供了前行的力。这时升力也会减小，所以飞行器高度会降低，可以适当推动油门。

操作俯冲的摇杆（是美国手发射机的右侧摇杆，而日本手发射机是左侧摇杆），只要往前推摇杆，飞行器就会俯冲前行。同样在俯冲前行时需要注意，开始俯冲时要让飞行达到一定高度。对于新手，飞行最好离地约一人高以上的距离，并且确认飞行器前行的"航线"上没有任何障碍物（并确保飞行时也不会有障碍物移动到飞行器前方或附近）。飞行时轻推摇杆，飞行器即开始向前飞行。如果推动摇杆的幅度越大，飞行器前倾的角度越大，前行速度越大。但是在摇杆推动的幅度过大时，机头部分的两个螺旋桨有可能会过低，导致飞行器翻跟头，或者直接"坠机"（有自稳的飞行器一般不会出现这种状况，但也不要轻易尝试）。所以在推动摇杆俯冲时，推动幅度不能过大，一般只要飞行器开始前行时即可停止推动，保持摇杆现在的位置，让飞行器继续向前飞行。同样，在飞行时需要使用其他摇杆来保持飞行方向。

2 上仰练习

上仰操作与俯冲操作类似，只不过需要将摇杆从中间位置向后拉动。在拉动的过程中，飞行器尾部两个螺旋桨会减缓转速，机头两个螺旋桨会加快转速。然后会出现与俯冲操作相类似的现象，只不过飞行器会向后退行。所以，在练习操作时需要确保飞行器后退的路线上没有任何障碍物，包括操作者自己也不要站在飞行器后面，以免发生意外。确保一切安全后就可以开始操作练习了。缓慢拉下摇杆，使得飞行器开始退行时停止拉动摇杆。这时飞行器会继续退行。当退行一定距离后，缓慢推动摇杆，直到摇杆恢复到中间位置时停止推动，这样飞行器就会停止退行。上仰练习完成。

5.3.4 偏航练习

偏航练习，用于学习飞行器改变航线的练习。在飞行过程中改变航向也是一个非常常用且基本的操作。

1 左偏航练习

左偏航练习是在飞行器前行时，使得飞行器向左偏转的操作（类似于汽车转弯）。在操作偏航操作时，使用到的摇杆是油门摇杆，但是只有左右方向的才是偏航操作。在左偏航时，摇杆轻轻向左侧摆动。当摆动以后，飞行器的机头会开始转向。其实在飞行器没有使用俯仰操作时，直接摇动偏航，飞行器会原地旋转（类似于陀螺），转动方向与摇杆打的幅度有关系，摇杆偏离中心位置越大，转动速度越快（当然为了不出意外，还是不要尝试偏离太多）。同样在练习时我们需要练习两种模式：

- 第一种，左转弯，这项操作需要使用俯仰操作来配合。首先需要使用俯仰操作让飞行器前行，然后缓慢将油门杆向左打一点，然后停止操作（保持现在的摇杆位置）。这时候可以观察飞行器已经开始向左转弯。保持摇杆位置大约2~4秒即可将油门杆的左右方向回中，右侧的方向摇杆全部回中。这就是"左转弯"操作。

- 第二种，（逆时针）旋转，这一步操作说起来很简单，只需要将油门杆拨动到一侧即可。但是在旋转时有可能无法保持正确的位置（飞行器会到处乱跑），所以在做旋转操作时需要慢慢来。首先，需要将油门杆轻微拨动一下，看到飞行器开始有轻微旋转时停止拨动，保持现有位置。这时飞行器会慢慢开始转动，同时，应该注意飞行器的飞行方式，如果感觉有些控制不住，立刻松开油门杆，让油门杆自动回中。同时，准备控制方向杆控制飞行器的位置。如果发现飞行器在旋转则需要拨动油门摇杆。

操纵飞行器旋转一圈后即可算是完成了旋转的练习。

2 右偏航练习

右偏航练习，同左偏航练习类似，只是需要将摇杆向右侧打。同样也需要两种练习，即右转弯和旋转。在此提醒读者，左偏航和右偏航练习，来回交替练习更好。例如，左转弯以后紧接着右转弯，左旋转后是（顺时针）旋转，这样来回交替练习效果更好。

5.3.5　翻滚练习

翻滚练习，这里所说的翻滚不是让飞行器真的翻滚，而是让飞行器有些许的倾斜。而所谓的真的翻滚是后面要练习的高级特技动作。其实应该说这里的翻滚练习是侧飞练习，因为这里的操作会使得飞行器侧向移动。

左侧翻滚练习。左侧翻滚练习需要将方向杆向左侧拨动（将方向杆向左侧打）。将方向杆轻微向左侧拨动，飞行器左侧两个螺旋桨的转速会下降。这时会发现，飞行器开始倾斜，并且飞行器会向左侧飞行。等待飞出一定距离以后，将方向杆回中。这样就完成了一次左侧翻滚练习。同样，在练习时需要注意场地选择，飞行器活动范围内保证没有任何障碍物（或者任何"活物"）。

右侧翻滚练习。右侧翻滚练习和左侧翻滚练习类似，只是将方向杆向右侧拨动。同样，将方向杆打向右侧（少量即可，不可多打），飞行器右侧的螺旋桨会降低转速，机身会呈现右侧高度降低的状态。这样飞行器开始向右侧飞行，注意不能碰到任何障碍物，飞行一段距离后，将摇杆回中，停止飞行。这样就完成了一次右侧翻滚练习。

5.4 日常飞行练习

学会了基本操作，并不一定会熟悉飞行器飞行方式，所以还需要大量的其他操作练习，如本部分的日常飞行练习。将日常飞行练习做好，可以了解和熟悉飞行器的飞行方式，从很大程度上提高对飞行器操控的感觉。就如同骑自行车，学会骑了，还是需要大量练习，才能处理好日常骑行的需要。

5.4.1 悬停

悬停是一项比较基本而且微操作较为复杂的一项操作。在这里需要强调一下，悬停操作需要达到的要求有：保持飞行器高度不变，保持飞行不会出现前移后退，保持飞行器不会左右摇摆。可以说悬停操作是几个日常操作练习中最为复杂的一项。学会了悬停，可以很好地进行飞行器和发射机的微调。所以在练习时要认真体验这里的操作，为以后的操作打下调试的基础。

悬停操作，看上去很简单，但是由于飞控中的程序自行调整时有些不准确（原因可能是传感器不灵敏，或内嵌程序算法上有些不太好，也有可能是发射机的中点没有校准好），所以，在油门固定，而且动其他摇杆都不动的情况下，飞行器有可能会不停地乱飞，当然速度较慢（如果发射机没有校准好的情况下，这样操作飞行比较危险）。说到底，悬停操作需要凭感觉，当然就是需要多练习。悬停的操作步骤也很简单，当飞行器达到一定高度时保持飞行器高度，并保持不会偏移（其实多少都有变化，只要控制到一定程度即可）。具体如何操作，笔者不便于说。因为对于不同飞行器和不同的发射机会有不同的微妙变化，只有读者自己慢慢体验才可以。

5.4.2 直线飞行

直线飞行，是一个相对简单的操作，理论上来说，只需要推动方向杆即可。但是实际情况下不会这么简单。同样由于飞控的传感器和算法的问题，有时候是因为有风的缘故，飞行器不会完全按照发射机的操作来完成动作。所以这时需要调整发射机的操作，保证飞行器在沿直线飞行。不过需要注意，在俯仰摇杆推动或拉下来的幅度过大的时候，飞行器就有下降的趋势，甚至有时候在幅度过大时直接冲向地面。所以在进行操作时要注意安全。

5.4.3　曲线飞行

曲线飞行就是让飞行器沿着一条曲线飞行。可以是 Z 字型或 S 型的路线飞行，这样的飞行方式不单单是为了好玩，而是为了锻炼读者自由操控飞行器的方式与感受飞行器飞行方式。主要原因是在空中飞行的方式会有别于我们地面上移动的方式，类似于"违反常识"的感觉。所以需要反复练习操作方式并感受飞行器的飞行规律。

曲线飞行操作，肯定有别于直线飞行，当然也比直线飞行要复杂得多。首先，明确飞行路线，确保飞行路线上没有任何障碍或人。然后在飞行器起飞后，就开始沿着曲线路径飞行。飞行时，需要油门摇杆控制飞行器的朝向，使用方向摇杆让飞行器开始前进飞行。这样的运动的组合变成了曲线飞行的路径。

不过，这只是一种曲线飞行的方式，因为四轴的特殊结构，在曲线飞行中还有另外一种方式。之前的曲线飞行是在不停地改变机头的朝向，而这种方式是利用侧向飞行来实现机头不变的曲线飞行。所以说在曲线飞行时我们还有第二种练习方式：首先使用油门摇杆控制飞行器高度，并保持机头方向不变；使用方向摇杆控制飞行器的前进和侧向飞行（类似于在走路时，步子是向侧前方迈出）。逐步控制即可完成机头方向不变的曲线飞行。在练习了前进方向的飞行，可以试着练习后退时的曲线飞行。不过需要注意，如果还不太熟练飞行器方向控制时最好先不要练习，待熟悉了飞行器的飞行方式的控制的时候再进行练习，否则会有一定的危险。

5.4.4　爬升练习

爬升练习类似于爬坡，主要是在飞行器前行的基础上提高飞行器的高度。相对来说这个操作较为简单。在操作时，需要在推动方向摇杆使飞行器前进的同时，加大油门（油门大小视情况而定），这样在飞行时飞行器就会按照一个斜坡的方式开始爬升。等到爬升到一定高度的时候，停止爬升，接下来就可以做下降练习。

在爬升时需要注意，当开始推动方向杆的时候，飞行器前段下沉，同时有可能因为失去必要的升力。这时飞行器会开始下降（并开始前行，在直线飞行时，大家可能会体验到），所以这时候需要加大油门。而到了最高点时，如果仅仅是将方向摇杆恢复到中心位置，飞行器还继续上升，这时需要适当的降低油门。

5.4.5　下降练习

下降练习，与爬升练习相似，只不过这时需要降低高度，也就是降低油门。操作方式与上升也相似，向前推动方向摇杆，适当的拉下油门摇杆（有一点幅度即可，新手不宜过多），这时会看到飞行器开始降低高度。

在飞行时需要注意，下降的最低限度是距离地面一人高以上，因为在最后停止下降时会有新手无法控制的一个阶段，要给自己留下一些控制余地，不要一降到底。这样的操作方式，很有可能毁坏飞行器。

航模的开销是非常大的，而新手很容易毁掉自己的航模。如果新手从实体的航模练习飞行就需要一个很高的开销，估计也只有土豪才能负担得起。但是在现在数字化的生活崛起后，电脑上有了模拟航模的软件。这样只需要一次性的开销，就可以让新手掌握简单的飞行技巧，也可以让那些还没有接触航模飞行的人，体验飞行的乐趣！本章就是来讲解这种软件的使用。

第 6 章

航模模拟器的使用

6.1 模拟器的种类

在这个商业化的社会，只要有需求就会有不少企业做各种产品。而我们用的模拟器也一样，只要这种需求不断，各种产品就会出现。航模模拟器比较出名的也有好几款，这里我们就来简单介绍几款软件。

6.1.1 Phoenix

PhoenixRC 也被称做凤凰模拟器，其包装如图 6.1 所示，全称是 Phoenix Model Flight Simulation。Phoenix 是全世界最为流行的一款模拟器，使用这个软件可以让你迅速掌握各种复杂操作。Phoenix 包含了上百种固定翼和直升机的模型。当然因为四轴飞行器兴起得较迟，所以笔者使用的 Phoenix 版本也只支持两款四轴的飞行器，而且也无法完全实现真实体验，不过对于新手足够了。

想要获取 Phoenix 最新版本可以在 www.phoenix-sim.com 网站中获取。此款软件是收费的，而且需要用相应的操纵设备才可以支持使用。

在笔者截稿时 Phoenix 的最新版本为 RC5，笔者在本文中讲解的为 RC4 版本，不过，内容相差不多。相对来说 RC5 版本的模型更多，使用者可以体验更多的飞行器，对于航模发烧友来说也是一个好消息。当然，这么多的航模还包括一个 DJI 的四轴飞行器模型，这也是简单航拍较为常用的一个机型。而且新版本较旧版本来说，操控性和真实性更加优越，更能体验真实的飞行方式。在 Phoenix 中，可以自由选择飞行场景、飞行时的天气状况，如风向、风速等，这样可以更准确地模拟现实情况。

图 6.1　Phoenix 包装

6.1.2　RealFlight

RealFlight 不仅是一款著名的飞行模拟器，而且是一款"历史悠久"的模拟器。其包装如图 6.2 所示。RealFlight 是一款对模型操控模拟度较高的一款模拟器。几个不错的版本有 RealFlight G4、RealFlight G5/5.5 和 RealFlight G6.5。就笔者截稿时最新版本为 RealFlight 7。与凤凰模拟器一样，除了需要一台电脑和软件以外，还需要一个用于操控的遥控器作为操纵设备。

需要注意的是，在练习四轴飞行器时，需要选择 RealFlight G6、RealFlight G6.5 或更高的版本，才有四轴的模型。在所有航模模拟器中，笔者认为 RealFlight 模拟度是最为真实的，几乎可以体验真实的操作，但是软件的操作界面显得有些落伍。RealFlight 的模型也有很多，而且除了安装软件时自带的模型，还可以添加一些论坛上提供的自制模型，或者读者可以根据现有模型修改相应的参数，然后制作出新的模型。

图 6.2　RealFlight 包装

最后，需要强调一下，RealFlight 7 版本中增加了四轴飞行器的练习模式，而且是针对 DJI 的，所以有条件的读者可以购买这个版本进行练习，将会达到事半功倍的效果。

6.1.3　XTR

XTR 全称 Reflex XTR，其包装如图 6.3 所示，这是一款德国人开发的飞行模拟器。它也是专门为新手提供的一款模拟器。在这款模拟器中也和上面的两款一样，需要专门的遥控器才可以使用。

模拟器内也内置了几种直升机、固定翼和滑翔机的飞行器模式。有兴趣的读者可以尝试一下。同样，这里也可以对自己的飞行环境和模型的参数进行设置。

最后，在介绍完这几个模拟器后，需要告诉读者的是，这几款模拟支持在线与其他玩家一起在模拟器中玩飞行器，并且有的模拟器内还有对战模式，可以跟在线的玩家一起，切磋飞行器的操纵技术。

图 6.3　Refle XTR 包装

6.2 凤凰模拟器的安装

在介绍了几款模拟器后，在这里告诉大家如何去安装和使用一款模拟器。笔者就最常使用的凤凰模拟器为例来教大家。

（1）购买模拟器的套装，包括遥控器和软件光盘。将光盘插入光驱内，即可自动开始安装。如果没有开始安装，可以找到光盘的内容，双击 setup.exe 文件，就会弹出如图 6.4 所示的对话框。

（2）选择〝中文（简体）〞选项，然后单击〝下一步〞按钮，随后就会弹出如图 6.5 所示的对话框。这是在检查系统中是否已经安装了 Phoenix 的软件。等待数秒窗口会自动跳转，弹出如图 6.6 所示的对话框。

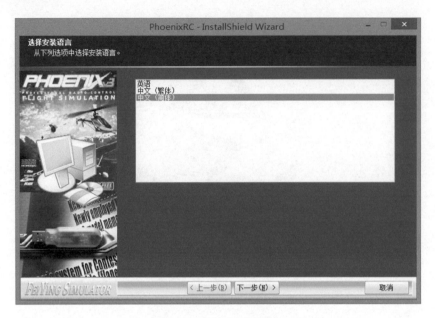

图 6.4　进入安装向导

图 6.5　准备安装界面

图 6.6 询问是否开始安装窗口

（3）单击"下一步"按钮，会弹出如图 6.7 所示的对话框。这里，询问是否同意安装协议。这时，必须选择"我接受许可证协议中的条款(A)"选项，然后才可以单击"下一步"按钮。

图 6.7 安装协议

（4）接下来会弹出如图 6.8 所示的对话框，需要用户填相关信息。只有完全填写后，"下一步"按钮才会变成可用按钮；否则，不能单击"下一步"按钮。

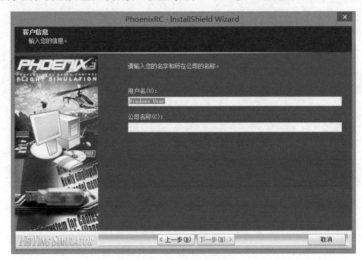

图 6.8　填写相关信息

（5）单击"下一步"按钮后，弹出"安装类型"对话框，如图 6.9 所示。

图 6.9　选择安装模式

（6）在这里选择"完全"选项即可，然后单击"下一步"按钮，新弹出的对话框会提示是否进入安装，如图 6.10 所示。

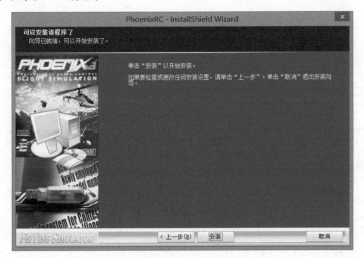

图 6.10　选择是否开始进入安装

（7）这时只需要单击"安装"按钮就开始安装，如图 6.11 所示。

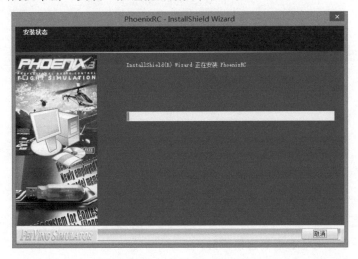

图 6.11　安装进度

（8）等待一分钟左右即可安装完成，随后会弹出如图 6.12 所示的安装完成提示对话框。

图 6.12　安装完成

（9）单击"完成"按钮，退出安装向导，接下来就可以使用我们安装的 Phoenix 模拟器了。

6.3　凤凰模拟器的使用

上一节内容完成了软件的安装，本节学习如何使用这一款软件。凤凰软件较其他软件来说使用更复杂一些，可能有点不容易掌握。

6.3.1　首次启动 Phoenix

在首次启动 Phoenix 后进入初始设置状态，需要注意的是，在启动时最好先把遥控器与电脑相连。如图 6.13 所示为第一次启动时显示的界面，当然都是繁体字。

图 6.13　初始设置向导界面

1 初始配置——设置新遥控器

（1）单击图 6.13 中的"下一步"按钮，开始正式的初始化。这时界面会提醒要进入遥控器的设置，如图 6.14 所示。

图 6.14　进入遥控器设置

（2）单击"下一步"按钮，会有新的内容提示"准备你的遥控器"，然后再继续单击"下一步"按钮，如图 6.15 所示。

（3）单击"下一步"按钮以后，提示"校准你的遥控器"，如图 6.16 所示。其中应该注意的是，需要将遥控器上的微调钮全部处于中间位置，而且各摇杆也要放在中间位置。然后单击"下一步"按钮。

图 6.15 遥控器配置前提示

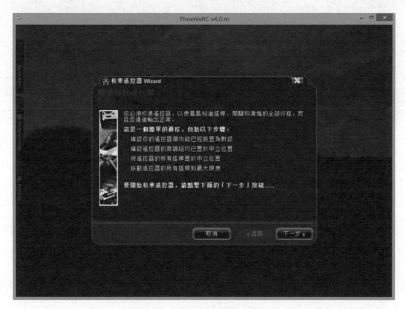

图 6.16 校准遥控器提示

（4）接下来就是提示将各摇杆、开关等保持默认位置，如图 6.17 所示。

图 6.17　遥控器保持默认提示

（5）在单击"下一步"按钮以后，即进入摇杆中点位置校准，如图 6.18 所示。这一步就需要将所有的摇杆归为中点，也就是不能偏上或偏下，也不能偏左或偏右。完成后，即可单击"下一步"按钮。

（6）单击"下一步"按钮以后，就是摇杆的最大行程校准，此时根据提示需要将摇杆触及摇杆的四个角，也就是摇杆的上下左右都要到最大的程度。如图 6.19 所示。

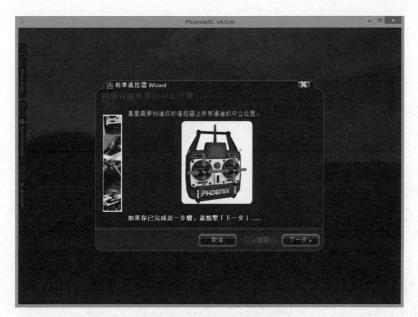

图 6.18　遥控器中点校准

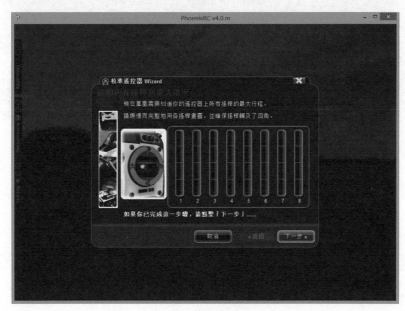

图 6.19　校准摇杆行程

（7）校准时会出现如图 6.20 所示的情况。

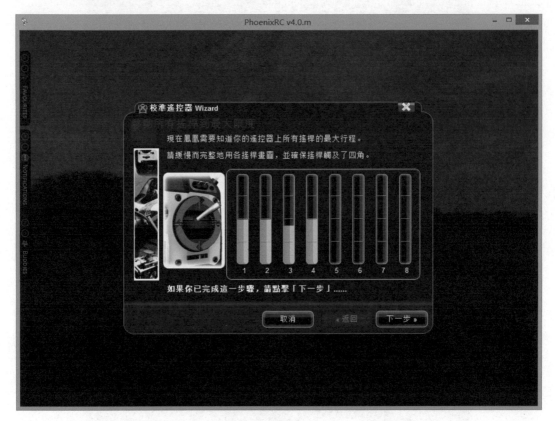

图 6.20　校准时的效果

其中的 1、2、3、4 等是表示遥控器的不同通道，读者可以试着在一个方向（如左右或上下方向）上来回摆动，以便确认对应的通道是哪一个。调整完毕后，单击"下一步"按钮，是提示校准完成的界面，如图 6.21 所示。

（8）此时即可单击"完成"按钮。不过，因为是第一次启动，即使 Phoenix 对遥控器有了基本的设置，但却没有对应上相应的飞行器通道，所以还会有设置遥控的界面，如图 6.22所示。当然你也可以单击"取消"按钮采用默认的设置，不过笔者建议继续完成设置。

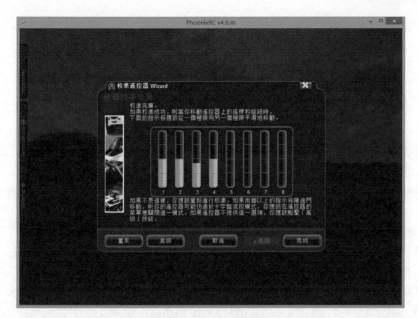

图 6.21 校准完成

图 6.22 设置遥控器

2 初始化设置——遥控器的通道设置

（1）在图 6.22 中单击"下一步"按钮，进行遥控器通道设置。接下来就是控制器通道控制选择界面，如图 6.23 所示，因为现在遥控器的种类繁多，通道也是各有不同，所以需要选择与自己正在使用遥控器接近的一个才可以。如果没有想要的类型，保持默认即可。

图 6.23 选择遥控类型

（2）选择完成后单击"下一步"按钮，由于本文中采用的是默认的模式，也就是在预设中没有当前遥控器，所以我们这里会有如图 6.24 所示的界面。

（3）单击图 6.24 中的"下一步"按钮以后会提示新建一个遥控器配置文件，如图 6.25 所示。

图 6.24　通道设置向导

图 6.25　创建遥控器配置文件

在图 6.25 的界面下可以修改 New Profile 来改变配置文件的名字。在以后也可以通过这个修改对应自己手上的不同遥控器。而其中的设置类型选择"快速设置"选项即可，等熟练此软件的使用以后再尝试用"高级设置"。这些都处理完成后，单击"下一步"按钮。此时，会有如图 6.26 所示的界面。

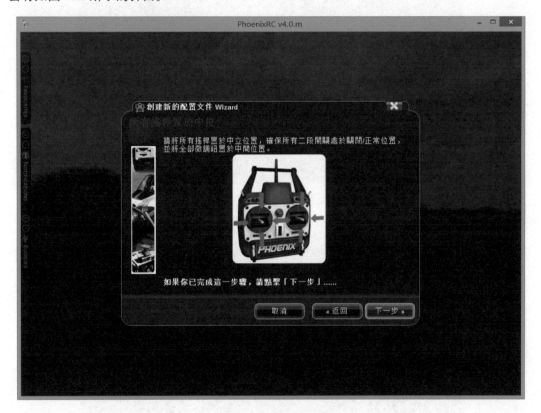

图 6.26　提示全部归中

（4）这一界面是提示用户将摇杆和微调钮全部放在中央位置，并将各个开关处于默认位置。这样才可以开始正确的设置遥控器。完成操作后，单击"下一步"按钮，开始正式的设置。首先，出现的是如图 6.27 所示的"引擎控制"设置界面。

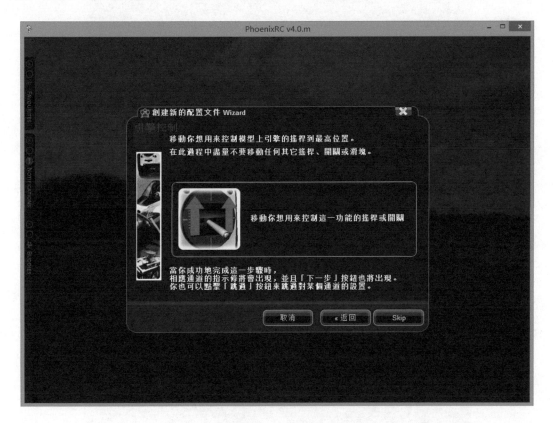

图 6.27　引擎设置

（5）这个界面下需要移动油门摇杆，将油门推到最高位置，然后拉到最低位置，这样操作两三次即可。在移动油门过程中，会看到如图 6.28 所示的效果。

其中滑动条会随着摇杆的移动有所不同。如果在设置过程中，发现移动错了摇杆可以单击"重试"按钮重新设置。当设置完成以后，单击"下一步"按钮，就会进入下一个通道设置，如图 6.29 所示，为桨距控制设置界面。

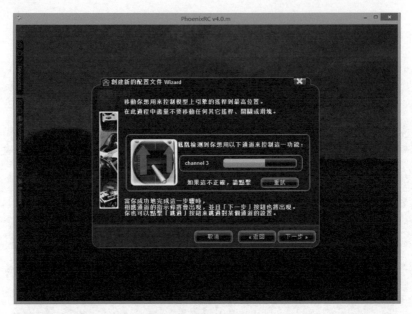

图 6.28　引擎设置效果

图 6.29　桨距控制

（6）桨距一般使用于直升机操作，对于我们这里的四轴飞行器没有太大作用。所以，这里可以单击 Skip 按钮跳过这一设置。随后就是方向舵的设置，如图 6.30 所示。

图 6.30　方向舵控制

（7）这个通道的设置与油门设置一样，只需要将方向摇杆左右打到最顶端就可以。同样，在设置完成后单击"下一步"按钮，如果设置错误则需要单击"重试"按钮。随后是升降舵通道的设置，如图 6.31 所示。

图 6.31 升降舵控制

（8）升降舵控制映射到四轴的操作应该称为俯仰控制，也就是控制飞行器前行后退的操作。这里的调节方式跟油门调节方式一样，调整完毕后单击"下一步"按钮，进入副翼控制的设置，如图 6.32 所示。

（9）副翼在四轴飞行器中主要控制飞行器的"翻滚"操作，体现出的效果就是侧向飞行。设置方式依然不变。设置完成后单击"下一步"按钮，进入下一项设置，如图 6.33 所示。

图 6.32 副翼设置

图 6.33 起落架设置

（10）因为我们选择了默认模式的设置，所以这里会有设置起落架的选项，读者可以将一个开关设置为起落架的操作。不过，读者也可以跳过此项，因为对于四轴的操作，起落架没有任何的作用。单击"下一步"按钮（或 Skip 按钮），进入下一项设置，如图 6.34 所示。

图 6.34　襟翼控制

（11）襟翼控制是一些特殊的固定翼飞机才会有的，对于四轴飞行器没有特殊作用，所以，直接单击 Skip 按钮。接下来会提示已经完成了所有需要的遥控器设置操作，如图 6.35 所示。

（12）单击"完成"按钮，即可看到设置完成的提示，如图 6.36 所示。

图 6.35　完成配置

图 6.36　完成新遥控器设置

3 初始化设置——界面设置

（1）单击图 6.36 中的"完成"按钮，会进入画质选择界面，如图 6.37 所示。此界面中可以设置使用软件时场景的画质效果，画质越高清晰度越好。但是要想使用高画质，需要有比较好的电脑配置，所以，应该根据自己电脑的配置选择不同的清晰度，这里就按照 Mdeium（中等画质）来设置。选择好画质后，单击"下一步"按钮。

图 6.37　画质选择

（2）然后是度量单位的选择，如图 6.38 所示。这里可以为风速、距离和模型的距离单位进行设置。默认的是 Metric 也就是公制的米，如果没有特殊要求使用这个选择即可。设置完成后，单击"下一步"按钮。

图 6.38　度量单位的选择

（3）完成了以上操作，也就完成了 Phoenix 的首次启动的设置，最后会有完成设置的提示界面，如图 6.39 所示。

接下来呢，就可以爽飞了！完成了配置就可以用配套的遥控器在电脑上飞各种模型飞机，或者跟网络玩家一起对战了。

图 6.39　完成初步设置

6.3.2　选择飞机

完成各项配置工作后，即可开始飞行。但是电脑再智能也不知道你需要什么样的飞行器，当然这个软件也不会知道。在软件启动后，会自动加载最后一次选择的飞机模型，但是在安装完首次启动后，会加载一款固定翼飞机。当然不是我们需要的四轴，这就需要在其模型库中找到，并选择加载。

需要加载新模型时，将鼠标指向"选择模型"选项（在没有鼠标操作时菜单栏会消失，需要将鼠标指向顶部才会显示），单击"选择模型"命令，会弹出一个菜单，选择"更换模型"命令，如图 6.40 所示。

图 6.40 选择更换模型

随后会弹出如图 6.41 所示的界面,这里就可以选择需要的模型。在这里已经将各种模型分类,按照分类来找需要的模型即可。

图 6.41 更换模型界面

在这里我们需要的四轴飞行器在哪里呢？因为在软件初期没有四轴飞行器的模型，是在后期才加进去的，所有我们需要在 others 分类里面找，如图 6.42 所示。在这里我们可以看到其中有一项 Quadcopter，其中有 3 个模型，都是四轴飞行器的模型，而我们需要训练的是 Gaui 330-X。

图 6.42　Others 分类项

在选择了 Gaui 330-X 模型后就会在右侧的窗口中显示出该飞行器的预览图，如图 6.43

所示。这一款飞行器在市场上也有卖的，但是不太容易找。其中的黄色球所在的位置就是飞行器的头部。区分了飞行器的头，就明白怎么样是前进和后退了。

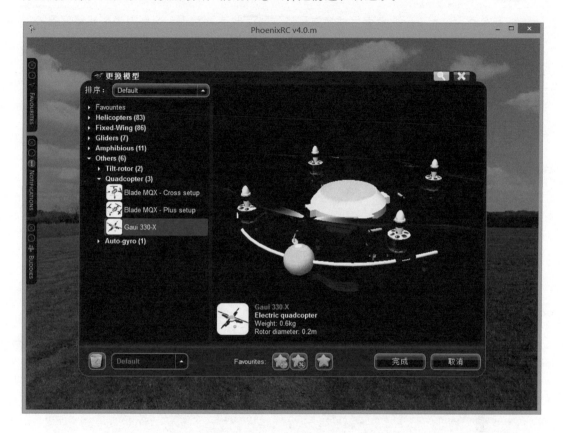

图 6.43　四轴飞行器预览图

选择完以后，单击"完成"按钮，模型就被加载到我们的场景中了，这样就可以使用遥控器开始飞行了。至于操作方式，就如真实飞行器的操作方式一样，参照前几章的内容即可。

6.3.3 修改遥控器控制

在首次使用过程中，读者有可能会发现操作时有些违反常规。这是因为在配置好遥控器后，有些设置不合适，需要重新设置。下面就讲解一下如何修改遥控器的设置。首先，应该找到设置界面，如图 6.44 所示，在菜单栏中选择"系统设置"选项，然后选择"控制通道设置"命令。

图 6.44　控制通道设置

随后会弹出如图 6.45 所示的界面，可以选择要设置的遥控器。这里因为在之前创建的时候使用了 New Profile 为我们新的遥控，所以我们要编辑的也是这个文件。选择 New Profile

选项，然后单击右侧的"编辑配置文件"按钮，就进入了编辑界面，如图 6.46 所示。当然，如果你购买了新的遥控器，可以单击"新建配置文件"按钮去新建一个遥控器配置，其他的操作方式如之前讲到的一样。

图 6.45　选择配置文件

在图 6.46 中我们可以找到各项配置，这里我们可以对个通道进行不同的设置，如下所示。

图 6.46 配置修改

- Control：表示对应飞行的哪些舵机或开关。

- Min：表示通道接受的最小值。

- Status：表示当前通道产生的实时量值是多少。

- Max：表示通道接受的最大值。

- Invert：表示是否翻转，也就是，遥控器上的最大值与最小值是否对调。

- Curve：表示值曲线值，这项可以对产生的值变化量度，不推荐新手使用。

- Input：此列中可以选择对应通道是由遥控器的哪个通道控制。

分清楚这几项内容，即可完成对遥控器的基本配置。当然，如果遥控器的通道足够多，可以单击图 6.46 中的详细信息按钮，获取更多的控制选项，进行配置，配置方式类似。

6.4 模拟器练习与现实操作的差异

在电脑中爽飞了飞机以后，也许你会信心大增，觉得可以直接上手飞行特技动作了。但是笔者提醒一下，这是不可能的！因为在电脑的模拟环境中，所有的操作和环境都是量化的，也是固定不变的。然而在实际操作中，空气的密度、气压、风向、风速，还有其他环境因素，都是在时刻变化着的。即便是再强大的电脑也不能面面俱到，所以，在实际环境中飞行时还需要注意一些特定内容。在这里笔者为大家举几个例子。

在飞行过程中，空气对飞行器的影响最大。其中最为严重的就是风！在模拟器中虽然可以模拟风速和风向，但是与实际情况相比，则有很大的不同。自然风是属于飘忽不定的东西，可能一会儿大一会儿小，无法琢磨。并且风的大小和风向，跟地形有很大的关系，这也是为什么让大家选择开阔区域的原因。地域越开阔，风速和风向就越稳定，相对于复杂地形（如高楼林立的城市），空气流动更复杂，更不容易操作。

除此之外，下雨天也不能随便出来飞，下雪天也最好不要飞。并且还要注意飞行场所最好是没有其他人员的场所，对于新手当然更要选择这样的场所。注意保护自己的人生安全，模拟器里，怎么飞也不会伤到自己，而现实就不一样了，一个疏忽就可能让你开个口子。所以请注意操作规范，记得锁定飞控！其他的一些情况需要读者自行发现并多加注意。